专利实质审查与逻辑

朱金虎◎著

中国广播影视出版社

图书在版编目（CIP）数据

专利实质审查与逻辑 / 朱金虎著. ——北京：中国广播影视出版社，2023.8

ISBN 978-7-5043-9066-0

Ⅰ.①专… Ⅱ.①朱… Ⅲ.①专利—审查—研究—中国 Ⅳ.①G306.3

中国国家版本馆CIP数据核字（2023）第130128号

专利实质审查与逻辑
ZHUANLI SHIZHI SHENCHA YU LUOJI

朱金虎 著

责任编辑：黄月蛟　杨　扬
装帧设计：中尚图
责任校对：龚　晨

出版发行：中国广播影视出版社
电　　话：010-86093580　010-86093583
社　　址：北京市西城区真武庙二条9号
邮　　编：100045
网　　址：www.crtp.com.cn
微　　博：http：//weibo.com/crtp
电子信箱：crtp8@sina.com

经　　销：全国各地新华书店
印　　刷：天津中印联印务有限公司

开　　本：880毫米×1230毫米　1/32
字　　数：131（千）字
印　　张：7.5
版　　次：2023年8月第1版　2023年8月第1次印刷

书　　号：ISBN 978-7-5043-9066-0
定　　价：56.00元

CONTENTS
目录

第一章　导　论　　　　　　　　　　*// 001*

第一节　研究的起源　　　　　　　*// 002*
一、工作中的诱因　　　　　*// 002*
二、工作中的需求　　　　　*// 003*
第二节　研究方法　　　　　　　　*// 008*

第二章　基本逻辑学知识　　　　　*// 012*

第一节　归纳推理　　　　　　　　*// 013*
一、因果论证　　　　　　　*// 014*
二、类比　　　　　　　　　*// 027*
第二节　演绎推理　　　　　　　　*// 030*
一、直言命题　　　　　　　*// 031*
二、直言三段论　　　　　　*// 032*
三、演绎方式　　　　　　　*// 039*

第三节　归纳推理与演绎推理的关联 // 041

第四节　谬误 // 045

一、前提谬误 // 050

二、相干谬误 // 052

三、含混谬误 // 057

第三章　大前提的建构 // 059

第一节　大前提的建构 // 059

第二节　大前提建构的基础 // 065

一、现实基础 // 065

二、历史基础 // 069

三、对比基础 // 071

第三节　影响大前提建构的因素 // 073

一、释法权限 // 076

二、规则真空 // 081

三、释法的程度 // 084

四、法条的特性 // 088

五、程序性问题 // 093

第四节　审查实践 // 097

一、创造性思维与审查 // 098

二、创造性审查的逻辑形式 // 100

三、法条的选择 // 106

四、实质与形式　　　　　　　　　　　// 112

第四章　小前提的建构　　　　　　　　　// 115

第一节　小前提建构的目的　　　　　　　// 116

第二节　小前提建构的基础　　　　　　　// 118

一、审查材料　　　　　　　　　　　// 118

二、证据及举证　　　　　　　　　　// 127

第三节　影响小前提建构的因素　　　　　// 144

一、审查主体的能力　　　　　　　　// 144

二、与大前提的关联性　　　　　　　// 162

第五章　实质审查中的归因　　　　　　　// 164

第一节　技术归因的特点　　　　　　　　// 167

一、实验性　　　　　　　　　　　　// 169

二、学科性　　　　　　　　　　　　// 170

三、复杂性　　　　　　　　　　　　// 172

第二节　技术效果的确定　　　　　　　　// 174

一、技术效果　　　　　　　　　　　// 175

二、效果与手段　　　　　　　　　　// 180

三、归因与概率　　　　　　　　　　// 183

第三节　法条与事实归纳　　　　　　　　// 184

第六章　创造性审查的内在逻辑 // 191

第一节　技术手段的效果 // 196

一、多因一果 // 198

二、一因多果 // 201

第二节　手段至效果之归纳推理 // 206

第三节　效果至手段之溯因推理 // 215

第四节　技术问题 // 220

第五节　事后诸葛亮 // 226

参考文献 // 229

第一章 导 论

任何基本的认知、观点均会影响基于其而得到的结论，而得出这样的结论通常是需要经过一定的推导分析的。在推导分析过程中，当认知、观点不存在异议时，基于合适的证据存在着如数学推导般的精确性。从而，对于任何专业、学科而言，基本的观点、概念的边界的固定，对其发展具有至关重要的作用。专利审查工作是一种高度专业化的工作，审查的专业性、科学性、内在一致性是为授权专利提供强大公信力的基石。本专著从逻辑角度解析专利实质审查过程中的内在逻辑，为专利相关领域从业人员理解专利实质审查工作提供新的视角。

第一节　研究的起源

一、工作中的诱因

专利审查员通常具有法律知识与理工科专业技术知识。中国专利审查员的招录对象通常是理工科专业人士，虽然他们入职后会接受一定时间的《中华人民共和国专利法》（以下简称《专利法》）的培训，但相对于法律背景专业人士而言，其逻辑应用与辨析能力略显不足。笔者从事专利实质审查工作十多年，在前期实操工作中时常发现法律稻草人[1]等现象存在于实际审查操作中，而又无有效的手段表达个人观点。

而上述的无力感，正是因为在具体法条的实际运用时对内在逻辑的理解模糊不清。而这种模糊有时会使案件的审查结论有误，使其经历了实质、前置审查、复审、行政诉讼等流程。通常而言，复审案件及法院宣判案件对实质审查中审查员的审查行为具有较高的指导意义。但随着笔者在行业工作年限的增加，时不时地发现，即便是复审案件及法院宣判

---

[1]　张建伟:《法律稻草人》，北京大学出版社，2019，第2页。此处借张建伟先生专著，指一些在提出具体的观点时缺少对法律的必要敬畏之心，而提出一些经不起深究及时间考验的观点，这些观点如同只能吓鸟的稻草人。

案件，其所反映出的一些观点及指引前后存在着某些变化，甚至不同审查员在同一案件中所提炼出的观点不尽相同。而这些变化及不尽相同的观点，有时虽然可理解为与时俱进的一些调整，但亦反映了审查员对专利审查过程中的一些基本逻辑的理解不够精准、全面。故而，在工作中面临的、见到的、听到的种种不协调促使笔者对专利实质审查中的内在逻辑开始了思考，以期协调这种不协调。

二、工作中的需求

马歇尔·麦克卢汉认为："意识被认为是理性存在的标志。然而，意识的任何时刻都有整体知觉场，这样的知觉场并没有任何线性的东西或序列的东西。"[1] "书面词语用线性序列的形式组表达了口语词语中稍纵即逝的隐蔽的含义，但其同样不能完整地表达整体知觉场。"[2] 申请人基于生产实践、科研过程所形成的技术方案，当需要经过意识借助书面材料形式而将其产品或制备方法传达于他人，其需要有强大的书面

[1] 马歇尔·麦克卢汉：《理解媒介》，何道宽译，译林出版社，2019，第112—113页。

[2] 马歇尔·麦克卢汉：《理解媒介》，何道宽译，译林出版社，2019，第106页。

语言表达功底及清晰的逻辑思维。否则，在具体专利文献的撰写中将会丢失一些体现其智慧贡献的内容，从而在一定程度上失真。

而如何撰写好这个知觉场体系，有内在的要求。尤瓦尔·赫拉利说："早期的知识体系常常是用'故事'构成理论，而现代科学用的则是'数学'。"[1]而体现科学技术贡献的专利文献，作者在撰写及审查时都应具有趋向数学似的严谨性，如此方可使专利文献的撰写及其审查更具科学性。逻辑学作为其内在的桥梁，承担着不可推脱的使命。

就对专利技术方案的认知而言，申请人需要借助认知的3个过程，而向审查员及公众传递其相应的认知。这三要素分别为：（1）客观存在的事物；（2）事物在大脑中的反映；（3）我们为其创造的语言。[2]客观存在的事物体现了本体真相，而将事物反映在大脑，并借助语言而与他人交流则需要一定的逻辑能力，而使事物尽可能地保持逻辑真相。事物被认定是本体真相，如果它确实是，则必然存在于某处。决定命题真假的依据是现实情况，而逻辑真相是建立在本体真相

---

[1] 尤瓦尔·赫拉利：《人类简史：从动物到上帝》，林俊宏译，中信出版社，2017，第238页。

[2] D.Q. 麦克伦尼：《简单的逻辑学》，赵明燕译，北京联合出版公司，2016，第10页。

的基础之上的。[1]基于实践劳动而形成的一个个具体的产品或制备方法，在进行专利申请时必然涉及如何呈现、如何有效地向他人传递方案的贡献、如何使他人确信这种贡献足以使其专利获得某种权益，这是申请人所面临的挑战。

就审查过程而言，个案虽然是由单个审查员所审查，但所体现出的审查思维逻辑、观点、命题等具有群体特性。而对于群体行为，古斯塔夫·勒庞们已经证明，群体并不进行推理，它对观念或是全盘接受，或是完全拒绝；对它产生影响的暗示，会彻底征服它的理解力，并且使它倾向于立刻变成行动。[2]而让群体相信什么，首先得搞清楚让他们兴奋的感情，并且装出自己也有这种感情的样子，然后以借助于初级联想的方式，用一些非常著名的暗示性形象，去改变他们的看法，这样才能够慢慢地探明引起某种说法的感情。这种根据讲话的效果不断改变措辞的必要性，使一切有效的演讲完全不可能进行准备和研究。在这种事先准备好的演讲中，演讲者遵循的是自己的思路而不是听众的思路，仅这一个事

---

[1]　D.Q. 麦克伦尼：《简单的逻辑学》，赵明燕译，北京联合出版公司，2016，第24页。

[2]　古斯塔夫·勒庞：《乌合之众》，冯克科译，中央编译出版社，2004，第51页。

实就会使他不可能产生任何影响。[1]基于上述论断，专利实质审查中所体现的思维逻辑、观点、命题会因群体变化而产生变动，而这种变动亦影响了批量案件的审查结论。

对于审查过程中的规则，约翰·奥斯汀在《法理学讲稿》中讲：公正的法律有时是经由司法判决产生的。其直接和恰当的目的是，让规则的适用服务于特定案件的判决，而非确立规则本身。但是，对这一案件的判决理由，可能会成为未来的以及相似的案件的判决理由，所以，判决书的制定者们实质上是在立法，而且他们的判决结论通常依赖于对判决理由作为一般性法律或者规则所可能导致的后果所做的审慎权衡。[2]虽然，知识产权法院对各个专利案件的判决的出发点是"让规则的适用服务于特定案件的判决，而非确立规则本身"，而一件专利案件经过实审、复审、法院的判决，本身即表明了对"规则的适用"的某些边界在实审、复审、法院的判决中认知不一致，而这些认知的不一致会迫使最终的裁决者对"规则的适用"的某些边界进行必要的诠释，而诠释本身即是对规则边界的一种树立。而这种树立若要被充分地接

---

[1] 古斯塔夫·勒庞：《乌合之众》，冯克科译，中央编译出版社，2004，第78页。

[2] 尼尔·麦考密克：《法律推理与法律理论》，姜锋译，法律出版社，2018，第155页。

受认同，其与现存的一些显而易见的前提条件必须相融，且通常基于这些前提性论述、推演可以合理推论而得到。而这些论述、推演本身需要扎实的逻辑功底。

就专利实质审查过程而言，其在于通过对法的内在逻辑进行分析、推理、论述而使申请人、代理人与审查员达成某种共识。而逻辑分析、推理、论述的合理与否在很大程度上决定了结论是否具有客观性。掌握了坚实的逻辑思维后将会使专利相关工作中存在更多的理性之光，可惜"逻辑学"并不是从事专利相关工作人员必学的学科。

一线专利实质审查员是行动中的"法律"最直接的操作者，行动中的"法律"与纸面上的法律可能存在不少差异，甚至与纸面上的法律发生根本冲突。要想使纸面上的法律成为行动中的法律，或者说，要想使纸面上的法律与行动中的法律一致，一要靠"为权利而斗争"和社会舆论给予支持；二要靠施行法律的人严格依照法律，让纸面上的法律与行动中的法律一致起来。[1] 从而，在专利实质审查过程中，其实践操作与理论之间必会长期存在着一定的纷争，虽然这种纷争会为实践者带来一定的困扰，但正是这种纷争推动着《专利法》一步步地向前发展着，并且这种纷争、困扰需要逻辑

---

[1] 张建伟：《稻草人》，北京大学出版社，2011，第238页。

学中的手段为其提供调和的方法。

第二节　研究方法

理性不像感觉和记忆那样是与生俱来的，也不像慎虑那样单纯是从经验中得来的，而是通过辛勤劳动得来的。其步骤首先是恰当地使用名词，其次是从基本元素名词起，到把一个名词和另一个名词连接起来组成断言为止这一过程中，使用一种良好而又有条不紊的方法；然后再形成三段论证，即一个断言与另一个断言的联合，直到我们获得有关问题所属名词的全部结论为止。这就是人们所谓的学识。感觉和记忆只是关于事实的知识，这是木已成舟不可改变的东西。学识则是关于结果以及一个事实与另一个事实之间的依存关系的知识。然而没有学识的人，凭借他们的自然慎虑，情况还算比较好，也比较高尚的；更糟的是有些人由于自己推理错误，或由于信赖进行错误推理的人，而堕入了虚假和荒谬的一般法则。因为不懂得原因和法则虽然会使人误入歧途，但其程度与那些信赖虚假的法则，把相反的原因当作自己热心追求的东西的人相比起来，则远远不是那么严重。[1]总结起来说，人类的心灵之光就是清晰的语词，但首先要用严格的定义去检验。清除它的含混意义；推理就是步伐，学识的增长就是道路，而人类的利益则是目标。反之，隐喻、无意义和含糊不清的语词则像是鬼火，根据这种语词推理就等于在无数的谬论中迷走，其结局是争斗、叛乱或屈辱。积累许多经验就是慎虑，同样的道理，积累许多学识就是学问。[2]

当讨论从语言出发，并从语词的定义开始，然后将语词的定义连接起来形成一般的断言，再由断言而形成三段论时，其终结或最后的总和就称为结论。这种结论所表达的思维便是一般称为学识的有条件的知识，或关于语词序列的知识。如果这种讨论最初的基础不是定义，或者定义没有正确地连成三段论证时，其终结或结论便仍然是意见。[3]当一个人的讨论不从定义开始时，那么他要不是从自己的另一种想法开始，便是从另外一个人的话开始，他对这个人认识真理的能力以及不行欺诈的正直胸怀都没有怀疑。在前一种情形下仍然称为意见。在后一种情形下，讨论关涉事情的方面少，而关涉人的方面多，其决断称为相信和信任。所谓信任是指人

---

[1] 霍布斯：《利维坦》，黎思复、黎延弼译，商务印书馆，2017，第33页。
[2] 霍布斯：《利维坦》，黎思复、黎延弼译，商务印书馆，2017，第34页。
[3] 霍布斯：《利维坦》，黎思复、黎延弼译，商务印书馆，2017，第47页。

而言；而相信则同时涉及人和其所说的话的真实性。因此，"相信"一词之中便包含着两种看法：一种是对这人所说的话的看法；另一种是对这人的品德的看法。[1]

可见词语的定义、命题的判断、理性的增加均需要经过长期的辛苦劳动获得。当定义、判断的逻辑不清时，其对理性的增加并无助益。专利实质审查中涉及种种法律术语、技术术语的定义的确定，亦涉及观点的推断。对这些术语定义及推断逻辑的清晰认知有助于提高审查效率，并进一步提高审查员的审查能力。

专利实质审查中，创造性法条[2]的使用频率常居首位。具备创造性的条件是技术方案具备突出的实质性特点和显著的进步，对于突出的实质性特点，《专利审查指南》给出了如下定义：发明有突出的实质性特点，是指对所属技术领域的技术人员来说，发明相对于现有技术[3]是非显而易见的。如

---

[1] 霍布斯:《利维坦》，黎思复、黎延弼译，商务印书馆，2017，第48页。

[2] 创造性法条是指《中华人民共和国专利法》第二十二条第三款的规定。其规定为：创造性，是指与现有技术相比，该发明具有突出的实质性特点和显著的进步，该实用新型具有实质性特点和进步。

[3] 现有技术为《中华人民共和国专利法》第二十二条第三款出现的术语，其在《专利审查指南》第二部分第三章2.1节中的定义为：现有技术是指申请日以前在国内外为公众所知的技术。现有技术包括在申请日（有优先权的，指优先权日）以前在国内外出版物上公开发表、在国内外公开使用或者以其他方式为公众所知的技术。

果发明是所属技术领域的技术人员在现有技术的基础上仅仅通过合乎逻辑的分析、推理或者有限的试验可以得到的，则该发明是显而易见的，也就不具备突出的实质性特点。其中合乎逻辑的分析、推理涉及了具体逻辑应用；而"有限的试验"亦是基于动机而调整参数，其亦属于合乎逻辑的分析、推理。而何谓合乎逻辑，什么样的论述属于合乎逻辑的分析、推理，其本身即是需要审查员有清晰的认知的。再如，在实质审查过程中，部分法条的应用涉及归纳法或是演绎法的应用，而这些归纳、演绎的内在逻辑是什么亦是值得思考的问题。虽然，随着计算机、人工智能的发展，一些研究者亦开始使用数据模型，希望使相应的审查工作或学习更为智能化。[1] 而这样的过程，首先需要对各个术语有清晰的界定，之后需要对法条的内在逻辑有清晰认知。

[1]　Takako Akakura、Takahito Tomoto、Koichiro Kato, "*A Problem-Solving Process Model for Learning Intellectual Property Law Using Logic Expression: Application from a Proposition to a Predicate Logic*," HIMI, 2017, Part II, LNCS 10274, pp.3—14.

第二章　基本逻辑学知识

　　专利实质审查由申请人提出而起动，其以专利审查员的"审查意见通知书"及申请人的"意见陈述书"为主要形式进行书面沟通，在符合一定条件的前提下决定了专利申请案件的最终走向，如授权、驳回、视为撤回。申请人与专利实质审查员在书面载体中分别发表着各自的观点，而这些观点无非是表明申请的方案是否符合《专利法》及《中华人民共和国专利法实施细则》（以下简称《专利法实施细则》）的相关规定。观点的论述离不开逻辑规则，当专利实质审查员能充分地理解、自主地运用逻辑规则时，可以极大地提升沟通效率，增强论述说服力。本章将基于专利实质审查时所涉及的一些基本、主要的逻辑知识点，结合专利审查相关知识对其进行诠释，以期提升专利相关工作人员工作效率。

第一节 归纳推理

归纳论证可基本分为四种类型：枚举归纳、因果论证、类比、统计三段论。[1]归纳推理是从特殊到一般的过程。归纳论证的前提则是一个由特称命题组合而成的系列证据。[2]如在某一专利案件的具体实施例部分，第一个技术方案中含有 A 手段，并且 A 手段产生了 Z 效果，在第二个技术方案中当舍去 A 手段时 Z 效果亦随之消失，通常我们会推断归纳出 A 手段是实现 Z 效果的原因。但现实情况中，因理工类学科研究的复杂性，许多混杂因子亦会产生 Z 效果。产生 Z 效果的真实原因可能并非在于 A 手段，而在于 A 手段存在的前提下激活了 B 手段，而 B 手段是否被激活才是产生 Z 效果的原因。如何确定产生 Z 效果的原因，需要深厚的专业理论知识与清晰的逻辑认知。归纳论证，特别是归纳论述中的因果论证与类比论证，在专利实质审查过程中具有重要的地位。学习与掌握因果论证与类比论证相关的逻辑理论知识是客观、

---

[1] 加里·西伊、苏珊娜·努切泰利：《逻辑思维简易入门》，廖备水、雷丽赟、冯立荣译，机械工业出版社，2013，第97页。

[2] D.Q. 麦克伦尼：《简单的逻辑学》，赵明燕译，北京联合出版公司，2016，第100页。

公正、准确地确定技术手段与技术效果之间的关联性的内在前提，下面对相应的逻辑理论进行阐述。

一、因果论证

（一）原因

人类认识事物总是从感性至理性，在科学技术领域，通常采用某些技术手段后，会产生某些外在的表象，这些表象的认知可归结为感性认知。随着科学、技术的发展，挖掘出的产生外在表象的本质的、根本的认知，则属于理性认知。外在的表象通常可以称之为效果，而产生效果的技术则可以称之为原因；原因是条件，而结果是条件所结出的果实。而发明专利作为一种技术性方案，其研究的是符合自然规律的一些内容。而这些研究，包括外在表象的技术效果及内在原因的技术手段。而对于技术发展而言，通常希望技术手段产生的技术性效果要有一定的必然性，这样才可以在具体应用时，基于所追求的技术效果而灵活地调整技术手段。

柯匹认为，在对自然的研究中一个基本的公设是：只有在确定的条件下事件才能发生。人们习惯于区分事件发生的必要条件和充分条件。一个特定事件发生的必要条件是指，在缺乏它的情况下，该事件不能发生。例如，具有氧气是燃烧能够发生的必要条件，如果燃烧发生，必须具有氧气，因为在缺乏氧气的情况下便无法燃烧。尽管具有氧气是一个必要条件，但它不是燃烧能够发生的充分条件。一个事件能够发生的充分条件是，在它出现的情况下事件必定发生。因为在有氧气的情况下也可能不发生燃烧，所以，出现氧气不是燃烧的充分条件。另一方面，对几乎每一种物质而言，都存在某个温度范围，在该温度范围里具有氧气是该物质燃烧的充分条件。[1] 明显的是，一个事件的发生可能有多个必要条件，并且这些必要条件均包含在充分条件里。而原因有时是在"必要条件"的意义上使用，而有时是在"充分条件"的意义上使用……"原因"的另外一个用法：作为某个现象发生过程中的关键因素。我们知道，"原因"一词的含义存在几种。我们仅能够在"必要条件"的含义上合法地从结果中推出原因。并且，我们仅能够在"充分条件"的含义上合法地从原因中推出结果。当我们从原因推论到结果并且从结果推论到原因时，原因必定是在既充分又必要条件的意义上使用的。在这种用法中，原因等同于充分条件，而充分条件被认

---

[1]　欧文·M. 柯匹、卡尔·科恩：《逻辑学导论（第11版）》，张建军、潘天群译，中国人民大学出版社，2007，第515页。

为是所有必要条件的联合。应当清楚的是，不存在符合该词的所有不同用法的单个"原因"定义。[1]

在生产实践中，以前认为既是充分又是必要条件的原因，随着认识的发展可能变成了一种虚假的因果关系。例如，在某个复杂的反应体系中，本领域技术人员并不知道如何进一步提高产品的产率，直到偶然将物质 A 添加到体系时，产率得到明显的提高。此时，人们通常会认为物质 A 是使产率提高的原因，而产率提高这种结果，必然需要手段 A 才能实现，A 成了提高产率的充要条件。但是，随着技术的发展，人们发现未添加 A 物质，产率之所以低是因为体系中的杂质 B 影响了产率，而在当时的技术水平，本领域技术人员无法分离检测出 B。通过添加 A 物质，只是消除了 B 的影响。而当可以采取有效的手段去除 B 时，在不含有 A 物质的前提下产率亦可以实现提升。随着认知的增加可知，物质 A 并非复杂反应体系提高产率的充分必要条件，甚至并不是提高产率的直接原因。

（二）结果

将原因理解为手段，结果便是手段带来的外在表现。在

---

[1] 欧文·M. 柯匹、卡尔·科恩：《逻辑学导论（第11版）》，张建军、潘天群译，中国人民大学出版社，2007，第516页。

科学技术发展过程中，某些外在的现象的重复出现常会引起人们探究产生这种外在现象的内在原因。而在这种探索、研究过程中，手段与外在表现之间的联系是需要经过反反复复的验证的。在存在对应的手段时，几乎在所有的方案合理变形均可以产生相同的外在表现时，我们通常可以归结出该外在表象是此手段的必然结果。如若相应的外在表现有时出现，有时不出现，该手段可能只是产生结果的一个直接原因或间接原因，或者可能还有其他更深层次的原因并未得到合理的解释。

专利技术方案中技术手段通常体现为原因，而技术效果则以结果的形式体现。技术方案的目的不在于其采用何种技术手段，而在于相应的手段能获得的效果，而这样的效果能满足人类社会的一定需求。在实质审查中，《专利法》中涉及的诸多法条均与技术方案的技术效果有密切的关联，如公开充分法条、创造性法条等。专利申请人通过研究技术手段与技术效果的关系，而将相应的手段产生的效果用于满足人类社会的某些需求，为人类社会的发展做出一定的贡献。其通过专利申请而获得专利权，从而获得其智力劳动的回报。

（三）因果分析

在因果分析中，最常见的方法为密尔五法，具体如下：

1. 求同法。某个因素或事态在被考察的现象的所有场合中是共同的，它可能是该现象的原因（或结果）。

2. 求异法。某个因素或事态的出现与不出现，产生了被考察的现象发生的情形与该现象不发生的情形这样的差异，该因素或事态可能是该现象的原因或部分原因。

3. 求同求异并用法。尽管不是一个单独的方法，但同时使用求同法和求异法可为归纳出的结论提供高概率。

4. 剩余法。已知被考察的现象的某个部分是已知的先行事态的结果，此时，我们能够推论得出，该现象的剩余部分是剩余先行事态的结果。

5. 共变法。当一个现象的变化与另外一个现象的变化高度相关，其中一个现象可能是另外一个的原因，或者它们可能与第三个因素相关，第三个因素造成了它们。[1]

在专利实质审查时的创造性评述过程中，确定某个区别技术特征在待审查的权利要求中所能产生的效果时，审查员只是有意识或无意识地基于密尔五法，通过归纳法而确定某技术手段是否属于产生某技术效果的原因。如在食品饮料领域中，在创造性审查时当区别特征为多添加了食品添加剂柠

---

[1] 欧文·M. 柯匹、卡尔·科恩：《逻辑学导论（第11版）》，张建军、潘天群译，中国人民大学出版社，2007，第546页。

檬酸，而申请文件又未记载柠檬酸在方案中的作用。但本领域公知，绝大多数饮料中使用柠檬酸是为了调整产品的酸度。此时，是通过求同法而确定了柠檬酸的功效。又如，在一件案件中权利要求与最接近的对比文件[1]所公开的方案区别只在于 A，而权利要求的方案相对于对比文件具备 Z 效果。此时，通过求异法而归纳得出区别特征 A 是产生 Z 效果的原因。再如，在化学领域的专利审查过程中，通常确定某几项指标对技术方案的效果影响时，是通过固定数个变量而变动部分变量而考查对技术效果的影响。此时，是通过共变法而归纳出了某个或某些技术手段的指标变化是产生某效果的原因。

（四）枚举归纳

从特定经验事实中得到一般或普遍命题的过程被称作归纳概括。从三张石蕊试纸放到酸中都变红的前提中，我们或者会得到一个特定结论——将第四张蓝色石蕊试纸放到酸中它将发生什么样的变化；或者会得到一个普遍结论——将每一张蓝色石蕊试纸放到酸中将发生什么。如果我们得到第一个结论，我们使用的就是类比论证；如果得到的是第二个结论，我们使用的就是归纳论证。

---

[1] 对比文件是指为判断发明或者实用新型是否具备新颖性或创造性等所引用的相关文件，包括专利文件和非专利文件。

前提反映的是两个属性（或情形或现象）共同发生的事例，由类比我们可以推出，在具有一个属性的其他事例中也会出现另外的属性；而由归纳概括我们能够推出，一个属性出现其中的每一个事例将同时也是另外属性的事例。这种形式的归纳概括就是简单枚举归纳法。简单枚举归纳法非常类似于类比论证，所不同的只是它形成的结论更为普遍。我们经常用简单枚举法建立因果连接。当一种现象的许多事例恒常地伴随着某一特定类型的事态的时候，我们自然地得出在它们之间存在一个因果关系的结论。将蓝色石蕊试纸放进酸中的情形在所有观察中都伴随有试纸变红现象，我们由简单枚举法得到，将蓝色石蕊试纸放进酸中是它变红的原因。简单枚举法对提出的因果律的例外没有解释，而且不可能有解释。任何断言的因果律都会被一个反例所推翻，因为，任何一个反例表明，所谓的一个"规律"不是真正普遍的。例外否证了该规则。因为一个例外（或"反例"）或者是这样一个情况：人们发现了所断言的原因，而断言的结果并没有伴随；或者是这样的情况：结果发生了，但断言的原因没有发生。[1]

专利实质审查中，当申请文件中的某个技术手段申请人

[1] 欧文·M. 柯匹、卡尔·科恩：《逻辑学导论（第11版）》，张建军、潘天群译，中国人民大学出版社，2007，第519—520页。

并未提及其作用时，审查员通常会基于掌握的专业知识结合所述手段在方案中的具体情况，而归纳所述手段最大概率的作用。而这种归纳是基于审查员的知识存贮与先前见到过的方案中此技术手段发挥的作用做出的归纳。如在制备果汁饮料时，添加了番茄红素，但申请人并未提及其相应的作用。而番茄红素在 GB2760 中是作为食品色素而使用，并且审查员基于以前接触过的绝大多数的饮料方案发现，番茄红素的作用在于调色，此时审查员是基于个人的认知中的枚举而将番茄红素的作用归结为色素。真实情况是番茄红素在食品中，除了可以为食品提供一定的色泽，还可以为食品提供较强的抗氧化作用。当申请文件中提及了番茄红素的功效在于具有较好的抗氧化性时，并且申请人验证了其功效。若之前审查员并未见过番茄红素在饮料中起抗氧化的作用，在审查意见通知书撰写中确定番茄红素的作用时，要么需要通过充足的检索而确定番茄红素在饮料中起抗氧化的作用属于公知，要么提供必要的书面证据，即基于"三步法"[1]评述其创造性。

---

[1] 三步法为《专利审查指南》中关于显而易见的判定方法，而《专利审查指南》将突出的实质性特点的判断转化为了显而易见的判定。显而易见的判定方法为：（1）确定最接近的现有技术；（2）确定发明的区别特征和发明实际解决的技术问题；（3）判断要求保护的发明对本领域的技术人员来说是否显而易见。因其判断过程中需要经过三个步骤，通常在业内简称为三步法。

可见，在创造性审查时，对某物质的功效，有时可以基于个人的知识而枚举归纳得到，但有时需要结合具体的证据方案进行论述说理。而对具体采用何种操作，只能基于具体案情而定。

（五）溯因推理

溯因推理，是指以已知的结果性事实为前提，依据一般规律性知识，推断该结果发生的原因的推理方法。

溯因推理的逻辑结构形式可表示为：

q。

因为如果 p，那么 q。

所以，p。

在这里，q 表示已知的结果，p 表示根据已知的结果和一般规律性知识推测出的事件发生的原因。如果 p，那么 q，代表了一般规律性认识。根据该逻辑形式可以看出，溯因推理是充分条件假言推理的肯定后件式，即以一个充分条件假言命题的后件为一个前提，以该充分条件假言命题为另一个条件，而结论则是该充分条件假言命题的前件。因为事物间的因果关系通常可以表达为原因与结果之间的充分条件关系，即前件表示原因，后件表示结果，所以，溯因推理具有根据结果推测原因的性质。

根据充分条件假言推理的规则，溯因推理是一个逻辑无效的推理模式，前提并不蕴含结论，即前提真，结论不一定为真。但是，溯因推理在日常生活中起着非常重要的作用，尤其是在法律活动中，任何司法判决都必须以探明相关案件事实作为基础，依据特定行为与法律后果之间的因果关系确定相应的法律责任。然而，由于案件事实的不可逆性，既不可能完全依靠科学实验的方法重演事件发生的过程，也并不都能依据充分的证据完全客观地复原事件本身。根据结果事实和相关规律性知识探知案件原因事实的溯因推理就不可避免。

作为或然性推理的一种，溯因推理具有可靠性程度的差别。为保证推理的可靠性，溯因推理应当遵守以下规则：

第一，溯因推理从已知的结果出发，只能或然地推断其原因。因为客观世界的因果联系是复杂多样的，既有一因一果，也有多因一果，如果是前者，则溯因推理所依据的一般规律事实上可以表达为一个充分必要条件假言命题，根据结果推断原因，本质上是充分必要条件假言推理的肯定后件式，因而是一个逻辑有效的推理形式，其结论具有逻辑的必然性。如果是后者，并且其中的一个原因是结果的必要条件，则其推理形式本质上是必要条件假言推理的肯定后件式，也是一个逻辑有效的推理形式，则其结论也具有逻辑的必然性，但需要注意的是，此原因究竟是结果的唯一必要条件，还是和其他原因结合在一起才成为结果发生的必要条件？这些是无从判断的。因此，如果其中的一个原因仅仅是结果发生的充分条件，那么，并不能得出必然性的结论。

第二，所推知的原因是结果的充分条件。

第三，如果溯因推理推知的结论是结果发生的一个充分条件，那么，必须尽可能地猜测引起结果的其他各种原因，并通过一定的方法否定其他原因存在的可能性。因此，溯因推理最重要的环节也许并不是提出一个可能的一般规律，使结果发生的原因得到解释，而是通过否定其他的原因使其中的一个原因成为唯一的，或者最具说服力的原因。因此，溯因推理的逻辑形式可以进一步表示为：

q。

如果 p_1 或 p_2……或是 p_n，那么 q。

并非 p_2。

……

并非 p_n。

所以，p_1。[1]

（六）因果关系中的混杂因子

原因与结果之间具有复杂性、多样性，科学的发展即是通过不断地探究相应的原因与结果的内在关联而进行的，而这种内在关联即是常说的机理。客观、准确的机理可以为具体应用过程中控制相应的原因、实现对应的效果提供较为有效的操控空间。单看原因与结果，产生相应的效果的原因可能是真实的、直接的，亦可能是虚假的、间接的。如化工产品制备过程中，$A+B \rightarrow C$，其中使用了加工助剂 Z。当调控助剂 Z 时，C 的产量会被人为控制。对于控制产量的原因解释为 Z，其并不能满足科研人员对原因的探究。科研人员通常需要进一步了解更具体的、直接的原因。而这种原因有可能是 Z 的引入调控了 A 与 B 反应所需要的活化能；或是 A 与 B 反应产生 C，其完整的过程为 A+Z 产生 AZ，AZ+B 产生了 C，而 Z 的引入只是控制了中间 AZ 的产生，从而控制了 C 的产量。对于引入 Z 调控活化能，科学工作者、生产者可以明确地认知到 Z 只是如调节温度一样，属于影响产量 C 的众多可调控手段之一。而对 AZ 的发现，实质上是发现了 A+B →

---

[1] 陈金钊、熊明辉主编《法律逻辑学（第2版）》，中国人民大学出版社，2015，第152—155页。

C 的完整过程；添加 Z 的直接效果在控制中间产物 AZ 而非直接控制 C。

又如下例：

权利要求：石杉碱甲在制备乙酰胆碱酯酶抑制剂中的应用。

本申请记载了石杉碱甲具有强乙酰胆碱酯酶抑制活性，具有发展成为治疗阿尔茨海默病和脑血管痴呆等疾病药物的良好应用前景，并实际验证了石杉碱甲体外乙酰胆碱酯酶抑制活性，以及对血管性痴呆小鼠的神经保护作用。现有技术公开了石杉碱甲通过抑制淀粉样蛋白聚集治疗阿尔茨海默病、帕金森病等疾病。

此案件的基本案情如图 2-1 所示：

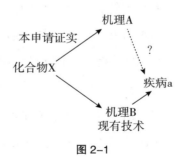

图 2-1

而对阿尔茨海默病、帕金森病产生的机理是存在多种解释的，并且有可能多种机理均可产生相应的病症，而这些机理通常是基于黑匣子理论而推断。当上述机理 B 明确时，实质上解释了致使疾病 a 的一个内因，而这种内因更接近致使疾病 a 的根本性原因，而使人们可以更灵活地采用一些手段来预防、治疗疾病 a。通过化合物 X 阻止疾病 a 的产生，即表明了化合物 X 具有对应的功效。若化合物 X 阻止疾病 a 产生的现象，但其机理明显不属于机理 B 时，机理 A 是否是致使疾病 a 的另一个内因是值得考量的，因为只有当这样的机理明确时，在实际生产应用过程中方可灵活地控制相应的手段，否则极有可能是化合物 X 制备时引用的其他一些成分通过机理 B 实现了对应的效果，或是其他一些混杂因子产生了相应的效果。

由此可见，当原因与结果之间的内在机理不清楚时，所述的原因很有可能并非结果的直接原因，而这限制了控制结果时可采用手段的灵活性。在专利创造性审查过程中，当申请文件中申请人对技术手段与技术效果的阐述不合理时，对应手段未必是真实的产生所述效果的原因时，直接基于申请人的阐述而进行创造性审查，必然会为创造性审查带来不必要的困难。

二、类比

类比推理是逻辑推理中最基本和最普通的方法，柯匹等认为，类比推理是依据情况的相似性的推理，如果情况足够相似，那么依据已有的知识所做出的决策最后常常是好的；但如果情况不是足够相似，根据已有的知识所做出的决策就可能不好。[1]

类比推理与概括密切相关。在一个概括中，论证者从一个或多个事例开始，进而得出一个关于一类中所有成员的结论。这时论证者可以把这个概括用于该类中先前未曾提到的一个或多个成员。这种推断的第一步是归纳，第二步是演绎。

每个类比推理都是这样进行的：从在一个或多个方面的两个或更多的事物之间的类似性，到这些事物在某个其他方面具有类似性。我们可以将之公式化：a、b、c、d是实体，P、Q、R是属性或"相似方面"，一个类比论证可以表示成下列形式：

a、b、c、d 均具有属性 P 和 Q，

a、b、c 均具有属性 R，

因而 d 可能具有属性 R。[2]

---

[1] 李晓秋：《专利劫持行为法律规制论》，中国社会科学出版社，2017，第33页。

[2] 欧文·M.柯匹、卡尔·科恩：《逻辑学导论（第11版）》，张建军、潘天群译，中国人民大学出版社，2007，第490页。

如在实质审查过程中，关于能够实现[1]《专利审查指南》中只是列举性地给出了不能够实现的几种情形。如下述情况即属于不能实现的情况：说明书中给出了具体的技术方案，但未给出实验证据，而该方案又必须依赖实验结果加以证实才能成立。例如，对于已知化合物的新用途发明，通常情况下，需要在说明书中给出实验证据来证实其所述的用途以及效果，否则将无法达到能够实现的要求。

在具体新案的审查过程中，审查员是基于下述判断类比而得到对应的案件是否公开不充分：

大前提：已审结案件案例1，案例2，案例3，案例4……及待审新案，申请人均认为其贡献点在于已知化合物的新用途发明，但均无实验数据证实其具有相应的效果，且这样的效果均需要经过验证、证实方可成立，而申请人请求保护化合物的新用途。

小前提：案例1，案例2，案例3，案例4……因上述情形而公开不充分。

---

[1]　能够实现为《中华人民共和国专利法》第二十六条第三款中出现的术语。《中华人民共和国专利法》第二十六条第三款规定为：说明书应当对发明或者实用新型作出清楚、完整的说明，以所属技术领域的技术人员能够实现为准；必要的时候，应当有附图。摘要应当简要说明发明或者实用新型的技术要点。

结　论：因此，新案同样公开不充分。

上述思维过程，属于实质审查员在处理一件新案时确定其是否适用于公开不充分法条时的典型思考过程。在实质审查实践中存在大量的如上述类比思考过程。

第二节　演绎推理

演绎推理是结论蕴含于前提之中的一类推论。通常只要确定前提为真，且推理形式有效，其结论必然为真。从演绎逻辑的技术性含义方面来看，如果一个论证符合逻辑要求，即结论必然是从前提中推论出来的，那么这个论证就是符合逻辑的。如果一个论证的前提中并不能限定性地包含着结论，或者论证与前提抵触，那么这个论证就是不合逻辑的或者说是有问题的。但是，可能存在一个例外，如果论证的一个前提与另外的前提自相矛盾，那么前提之间是谈不上符合逻辑或者违反逻辑的问题。[1] 下面，笔者结合专利审查中的一些思维观点对演绎推理的一些基本逻辑知识进行诠释。

---

[1] 尼尔·麦考密克：《法律推理与法律理论》，姜锋译，法律出版社，2018，第45页。

一、直言命题

直言命题具有四种形式，分为全称肯定（A）、全称否定
（E）、特称肯定（I）、特称否定（O）。具体示例如下：

1. 所有科学发现方案是不能被授予专利权的客体；

2. 没有科学发现方案是不能被授予专利权的客体；

3. 有科学发现方案是不能被授予专利权的客体；

4. 有科学发现方案不是不能被授予专利权的客体。

我们假设 S= 科学发现方案，P= 不能被授予专利权的客
体。上述命题则可以表述如下：

5. 所有 S 是 P；　　　　（式 1）

6. 没有 S 是 P；　　　　（式 2）

7. 有 S 是 P；　　　　　（式 3）

8. 有 S 不是 P。　　　　（式 4）

其中，所有具有式 1 形式的命题称为全称肯定命题，又
称为 A 命题；所有具有式 2 形式的命题称为全称否定命题，
又称为 E 命题；所有具有式 3 形式的命题称为特称肯定命题，
又称为 I 命题；所有具有式 4 形式的命题称为特称否定命题，
又称为 O 命题。其中，A 命题与 E 命题称为全称命题，对 S
的整体进行肯定或否定；I 命题与 O 命题称为特称命题，对部
分 S 进行肯定或否定。

而几乎所有的命题都可以改造成上述四类形式的命题。如创造性法条、文件修改法 33 条，我们可以表述如下：

A 命题：所有与现有技术相比具有突出的实质性特点和显著的进步的发明是具备创造性的发明；

E 命题：没有不具备突出的实质性特点的发明创造是能被授予专利权的发明创造；

I 命题：有专利申请文件是可修改的专利申请文件；

O 命题：有专利申请文件是不可修改的专利申请文件。

虽然实际情况下，部分专利案件的走向并不符合上述 E 命题的断言，部分不具备突出的实质性特点的发明创造在实际情况中确实有被授予专利权的，但这只是法律理论与法律实践之间的问题，有可能只是授权不当所致。从法律理论上而言，只要是不具备突出的实质性特点的发明创造就不能被授予专利权，即没有不具备突出的实质性特点的发明创造是应当被授予专利权的。

二、直言三段论

学过基础逻辑学的人都知道：三段论是从两个前提推论出结论的演绎论证。直言三段论是由三个直言命题组成的演绎论证，其中包含且仅包含三个词项，每个词项在其构成命题中恰好出现两次。如果一个直言三段论的前提、结论都是标准式的直言命题（A、E、I、O），并且以特定的标准顺序组合在一起，就称其为标准式直言三段论。通过结论可以识别三段论的词项，结论的谓项称为三段论的大项，结论的主项称为三段论的小项，在结论中不出现，而在前提中出现两次的项，即三段论的第三个项，称为中项。大项和小项必定出现在不同的前提中，包含大项的前提称为大前提，包含小项的前提称为小前提。在标准式三段论中，大前提处在第一位。小前提处在第二位，结论在最后。标准式三段论的式由所含直言命题的类型而定（分别记为A、E、I、O）。每个三段论的式都由三个按特定顺序排列的字母组成。第一个字母指的是大前提的类型，第二个字母指的是小前提的类型，第三个字母指的是结论的类型。中项可能在大前提中做主项、在小前提中做谓项，称为第一格；在两个前提中都做谓项，称为第二格；在两个前提中都做主项，称为第三格；在大前提中做谓项、在小前提中做主项，称为第四格。四个格的模式可依次排列如下：

$$
\begin{array}{cccc}
\text{M—P} & \text{P—M} & \text{M—P} & \text{P—M} \\
\underline{\text{S—M}} & \underline{\text{S—M}} & \underline{\text{M—S}} & \underline{\text{M—S}} \\
\therefore \text{S—P} & \therefore \text{S—P} & \therefore \text{S—P} & \therefore \text{S—P} \\
\text{第一格} & \text{第二格} & \text{第三格} & \text{第四格}
\end{array}
$$

要完整地描述一个标准三段论的形式，只要指明其式和格即可。例如，任何一个第二格 AOO 式（简记为 AOO-2）的三段论都有如下形式：

所有 P 是 M，

有 S 不是 M，

所以，有 S 不是 P。

从无限多样的不同题材中把形式抽象出来，我们会得到许多不同的标准的三段论的形式。假如把它们排列一下，从 AAA、AAE、AAI、AAO、AEA、AEE、AEI、AEO、AIA……以此类推，直到 OOO 式，共可列举 64 个不同的式。由于每个式都可以与 4 个不同的格进行组合，于是，标准式的三段论就必然呈现出 256 个不同的形式。但正如我们将要看到的，其中只有少数形式是有效的。

实际上，只有 15 种直言三段论的形式是有效的，其具体形式如下：

第一格：（1）AAA-1，（2）EAE-1，（3）AII-1，（4）EIO-1；

第二格：（1）AEE-2，（2）EAE-2，（3）AOO-2，（4）EIO-2；

第三格：（1）AII-3，（2）IAI-3，（3）EIO-3，（4）OAO-3；

第四格：（1）AEE-4，（2）IAI-4，（3）EIO-4。

即在所有的直言三段论的论证过程中，当大前提与小前提的命题均为真时，只要符合上述 15 种有效形式的三段论，其结论总为真。

由于直言三段论的标准式有 256 个不同的形式，而其中有效的形式只有 15 种。在具体应用时，可以直接记住其 15 种有效形式，从而判断具体的论证过程是否有效。而当难以记清时，通常可以通过文恩图进行相应的验证、检测。使用文恩图检验标准式三段论的一般做法如下：首先，在三圆的文恩图上标记三段论的三个项。接下来，把两个前提在图中都表示出来，如果一个前提是全称，另一个是特称的话，要首先标明全称前提。特别注意，如果特称前提并没有明确表明应该把 x 加在哪一部分时，就把 x 放在两个部分的交叉线上。最后，检查图示中是否已经包含了结论：如果包含了，那么三段论就是有效的，否则就是无效的。

例如，在应用《专利法》第五条[1]中的妨害公共利益时，我们常使用到如下形式的三段论：

所有妨害公共利益的发明创造是不授予专利权的发明创造；

审查的发明创造是妨害公共利益的发明创造；

---

[1]《中华人民共和国专利法》第五条的规定为：对违反法律、社会公德或者妨害公共利益的发明创造，不授予专利权。对违反法律、行政法规的规定获取或者利用遗传资源，并依赖该遗传资源完成的发明创造，不授予专利权。

审查的发明创造是不授予专利权的发明创造。

我们　指定 M = 妨害公共利益的发明创造；

D= 不授予专利权的发明创造；

P= 审查的发明创造。

我们可以发现，P、D、M 在上述三个直言命题中均出现过两次，并且每个直言命题中只出现了 P、D、M 中的两个。同时，我们很容易确定在《专利法》第五条的应用示例中，其结论在于：有发明创造是不授予专利权的发明创造。其中，"妨害公共利益的发明创造"并未出现在结论中，从而妨害公共利益的发明创造属于上述三个直言命题的中项；结论中"审查的发明创造"属于结论中的主项，结论中的主项我们称为小项，含有小项的命题我们称为小前提，从而"有发明创造是妨害公共利益的发明创造"属于小前提；而结论中的谓项，我们称为大项，含有大项的命题我们称为大前提，从而"所有妨害公共利益的发明创造是不授予专利权的发明创造"属于大前提。

用 P、D、M 替换《专利法》第五条的应用示例，我们可以得到如下形式：

大前提：所有 M 是 D；

小前提：有 P 是 M；

结　论：有 P 是 D。

其中，上述命题中大前提是 A 类命题，小前提与结论均为 I 类命题，从而上述形式的《专利法》第五条的应用示例使用了直言三段论中 AII 式论证形式；而基于格的区分，我们可容易地得到上述论证的格为第 1 格。从而，上述论证的形式为 AII-1，而 AII-1 属于 15 种有效形式的直言三段论中的第一格中的第三种，即只要是大前提与小前提为真的情况下，相应的结论亦必然为真。

而使用文恩图进行检测时，其检验过程如图 2-2：

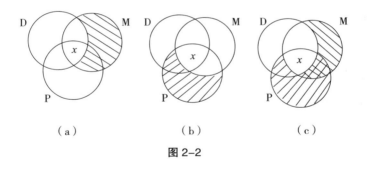

（a）　　　　　　（b）　　　　　　（c）

图 2-2

其中，图 2-2 中的（a）为大前提，（b）为小前提，（c）为 1-1 与 1-2 的合图，其中，斜线表示集合为空。在（c）中我们发现，P 中的非空集合 X，既属于 D 同时又属于 M；即 P 的非空集为 DM，即审查的发明创造为妨害公共利益的发明创造且是不授予专利权的发明创造。

莱奥·罗森贝克论述道："对某一法律规范的效果予以肯

定的这种法律适用，是三段论（Syllogismus）的产物。在三段论中，抽象的法律规范构成大前提（Obersatz），被确认为真实的具体案件事实构成小前提（Untersatz）。但是，该三段论又以许多辅助三段论（Hilfssyllogismen）作为条件，这些辅助三段论作为要素（Merkmale）被包含于拟适用的法律规范的构成要件当中。"[1]在《专利法》第五条中妨害公共利益的审查时，审查员所须论证的只是妨害公共利益是如何规定的，申请方案是基于什么原因而被认定为属于所规定的妨害公共利益的范畴。这通常又有可能使用到其他辅助三段论，以论证有发明创造是妨害公共利益的发明创造。

同时，几乎所有的命题均可以转化为直言命题，由三个直言命题则可组成直言三段论。如在专利实质审查过程中的创造性评述时，就用到了如下形式的命题：

大前提：所有不具备突出的实质性特点和／或显著的进步的权利要求是不具备创造性的权利要求；

小前提：有权利要求相对于对比文件是不具备突出的实质性特点和／或显著的进步的权利要求；

结　论：有权利要求相对于对比文件是不具备创造性的权利要求。

---

[1]　莱奥·罗森贝克：《证明责任》，庄敬华译，中国法制出版社，2018，第7页。

上述命题，只要确保大前提及小前提为真，其结论必然为真。同时，上述命题具有如下形式：

当今　P= 不具备突出的实质性特点和 / 或显著的进步的权利要求；

D= 不具备创造性的权利要求；

M= 权利要求相对于对比文件。

大前提：所有 P 是 D；

小前提：有 M 是 P；

结　论：有 M 是 D。

上述形式，只要 P、D、M 是真实存在的，且形成的大前提与小前提命题为真时，将其中的 P、M、D 代替成任何形式的内容，其结论均是成立的。

三、演绎方式

那些仅仅通过演绎论辩就可以直接得出判决结论的案件，须具备如下条件：（a）对相关规则的解释和事实分类问题不存在争议；（b）没有人想到提出那些确实有过讨论价值的问题；（c）这样一种争论经过讨论后被法院当作虚假或者牵强的问题排除掉了。在这几种情况中，（b）和（c）原则上都属于模糊区域，与（a）中的确定性形成了鲜明对比。[1]

对其中（a）情况，如《专利法》第九条规定："同样的发明创造只能授予一项专利权。但是，同一申请人同日对同样的发明创造既申请实用新型专利又申请发明专利，先获得的实用新型专利权尚未终止，且申请人声明放弃该实用新型专利权的，可以授予发明专利权。"而对于同样的发明创造，其规则的解释通常相对统一明确，事实分类基于《专利审查指南》亦可容易地确定而不存在分歧。而对于涉及这类情况的专利申请案件，通常可以直接通过演绎论证得出审查结论。当用 A、B 代表两份发明创造，同样的发明创造只能授予一项专利权的演绎形式如下：

大前提：A=B，A 或 B 只能一个具有专利权；

小前提：A=B，A 具有专利权；

结　　论：B 不能具有专利权。

对于其中（b）和（c）属于模糊区域的情况，如在创造性的判断过程中，其通常在于对创造性概念的内涵、外延解读得不同。如美国专利审查发展史中，Graham 案、"教导—启示—动机"检验法和 KSR 案的创造性判断规则的形成，均

---

[1]　尼尔·麦考密克：《法律推理与法律理论》，姜锋译，法律出版社，2018，第241页。

体现了在不同历史时期法院面对有人提出那些确实有讨论价值的问题时，经过讨论后采纳或取舍的做法。

第三节　归纳推理与演绎推理的关联

逻辑学最主要的内容是归纳与演绎，归纳和演绎的区别依赖于两类论证对前提和结论之间的关系所做断言的性质。我们可以将两类论证的特征表示如下：演绎论证是一种其结论被断言为从其前提必然地推出的论证，这种必然性不是一个程度问题，不以任何其他事物情况为转移。反之，归纳论证是一种其结论被断言为仅仅或然性地从其前提推出的论证。这种或然性是一个程度问题，其程度可能受出现的其他事物情况的影响。[1]

基于上述观点，演绎能基于前提必然得到某个结论，其依据现存的客观事实、命题、观点，使某些不明确的命题、观点得以显现化。在这个过程中，本质上并未创造新的观点或命题。而归纳法则可以使我们基于一些客观事实而得到某

---

[1]　欧文·M.柯匹、卡尔·科恩：《逻辑学导论（第11版）》，张建军、潘天群译，中国人民大学出版社，2007，第52页。

些命题、观点。其通常为生活创造了一些新命题、观点，是推动人类知识体系得到根本性增长的基本逻辑手段。

而一项具备创造性的技术方案，作为人类创造的新知识，不应当是基于现有的知识体系可以必然演绎出来的，而应当是申请人经过大量学习、实践、观察而归纳、提炼出的一些新的知识。归纳法在专利技术方案的产生过程中具有至关重要的作用，但是归纳得到的结论具有或然性，而追求观点、命题的客观性是人类的长期追求目的。当一些广为接受的观点、命题被认为真，且符合客观事实时，其可以作为大前提，通过符合逻辑的论证形式，对一些可作为小前提的事实进行观点、命题的属性判断，随后基于这些可以作为小前提的事实及命题的属性判断结论结合具体的客观事实而检验、证实其是否成立。在专利实质审查过程中，可以使用演绎法得出的一些观点、命题应当尽可能地使用演绎法，从而使所得到的结论尽可能客观、公正。但对于一些情况，使用演绎法时因缺少某些子前提，从而使论证过程中断，此时为了使审查工作得以正常进行，只能借助归纳法得到一些子命题而继续审查。但在这个过程中，我们应当对其中的基于归纳法得到的主观性命题、观点有充分的认知。对于这些主观认知的内容，在后续与申请人、代理人沟通时需要审查员持开放式的态度，以确保个案的审查结论的客观。

　　我们知道归纳是由个别到一般的过程。如人们通过常规的观察发现，现存的所有天鹅都是白的，而未发现例外，从而得到了相应的观点——所有的天鹅都是白的。从而在常规的生活交流中通常会产生如下对话，如 A、B 两人均在家里，A 说昨天在南湖看到了天鹅，B 问湖里的白天鹅好看吗？其中，B 断言湖里的天鹅是白的，是基于下述的论断而得到的：

　　大前提：所有天鹅都是白的；

　　小前提：南湖里有天鹅；

　　结　论：南湖里的天鹅是白的。

　　而在具体交流中，B 发表的观点是否正确，依赖于大前提是否正确及论证形式是否有效；而上述三段论属于有效的论证形式，而小前提又是符合客观事实的。从而，结论的正确与否完全依赖于大前提是否成立。而客观上，在黑天鹅出现在澳大利亚前很长一段时间，上述论证过程是无法否定的，而其结论的正确与否依赖于大前提，而这样的大前提亦是基于前期的归纳法而得到的。可见，当基于归纳法得到大前提的一些归纳条件发生变化时，大前提的存在存疑时依赖于大前提的一些推论的结论必然会产生一些错误。

　　在创造性审查中，《专利审查指南》给出了"三步法"，其用于判定一件发明专利申请是否具备突出的实质性特点。基于"三步法"在"确定区别特征在待评方案中所能解决的技术问题"时，是基于申请文件记载的内容及本领域的现有技术归纳而确定的，涉及具体的归纳法中的因果分析。而在判定"现有技术是否教导了此技术手段可以解决所确定的技术问题"时，是在现有技术中查找是否具有该技术手段，并实现对应的技术效果，这又涉及归纳法中的溯因推理。

在涉及《专利法》第五条规定的妨害公共利益的发明创造性不能被授予专利权，而当我们假设"所有含有有害成分的食品专利申请均属于妨害公共利益的专利申请"的命题为真时，此时对依据《专利法》《专利审查指南》的相关规定存在如下演绎过程：

大前提：所有妨害公共利益的专利申请是不能被授予专利权的专利申请；

小前提：所有含有有害成分的食品专利申请均属于妨害公共利益的专利申请；

结　论：含有有害成分的食品专利申请是不能被授予专利权的专利申请。

而当一件专利申请属于含有有害成分的食品专利申请时，进一步的演绎推理如下：

大前提：含有有害成分的食品专利申请是不能被授予专利权的专利申请；

小前提：待审案件是含有有害成分的食品专利申请；

结　　论：待审案件是不能被授予专利权的专利申请。

由此可见，在实质审查过程中应用具体法条时会经常涉及归纳推理与演绎推理。清晰地理解归纳推理与演绎推理的各自特点及合理的应用形式，可以有效地提升审查意见的说服力，从而提升审查效率。

第四节　谬误

谬误是概念或信念之间的一种无效关系的模式，它影响任何举例示范此形式的推理。谬误值得研究，不仅因为举例示范它们的论证不能支持其结论，而且因为它们可能是误导性的。它们可能以很细微的方式影响论证。所以，当我们一开始看到或听见这样的论证时，会认为它们毫无问题。但是，我们对此思考得越多，就越会怀疑是不是有什么地方出了问题。谬误通常被分为形式谬误和非形式谬误。形式谬误是发生在如下论证中的一种错误：这些论证看起来是一种有效论证形式的实例，但依据它们的形式，事实上是无效的。这样的错误有很多种，因此就有很多不同的形式谬误。它们都有一个共同点：它们只影响演绎论证。这些论证表面上看起来具有某个逻辑系统（如命题逻辑或直言逻辑）的有效论证形式，但实际上是无效的。当某种错误经常出现时，我们就给它命名。另一方面，非形式谬误涉及的错误是论证可能举例示范了某些错误的形式或内容。它们可能影响演绎论证或归纳论证，总是使论证不能为结论提供良好的支持。例如，对一个具有非形式谬误的论证，其前提和结论之间的关系可能并不成立，而这种关系不与任何具体的论证形式相关。论证也可能受混乱的表达方式或内容的影响。[1]

在创造性评述时，当令 P= 不具备突出的实质性特点和 / 或显著的进步的权利要求、D= 不具备创造性的权利要求、M= 权利要求相对于对比文件。此时，我们可以建构如下两种论述过程：

（1）大前提：P 是 D；小前提：M 是 P； 结论：M 是 D。

（2）大前提：P 是 D；小前提：M 是非 P；结论：M 是非 D。

上述论证形式（1）是通过《专利法》《专利审查指南》在形式上给出了一个有效的三段论命题，并不存在任何谬误。但对于论证形式（2）而言，将 P、D、M 代入后，其相应的论证形式在于：

大前提：不具备突出的实质性特点和 / 或显著的进步的

---

[1] 加里·西伊、苏珊娜·努切泰利：《逻辑思维简易入门》，廖备水、雷丽赟、冯立荣译，机械工业出版社，2013，第114—115页。

权利要求是不具备创造性的权利要求；

小前提：权利要求相对于对比文件是非不具备突出的实质性特点和／或显著的进步的权利要求；

结　论：权利要求相对于对比文件是非不具备创造性的权利要求。

双重否定表示肯定，论证形式（2）中的小前提与结论更直白的表述分别是"权利要求相对于对比文件是具备突出的实质性特点和／或显著的进步的权利要求"，"权利要求相对于对比文件是具备突出的实质性特点和／或显著的进步的权利要求"。

在上述推论形式（1）的过程中，基于创造性的审查可知，其中"权利要求相对于对比文件"，是指相对于审查员所检索确定的对比文件。而论述形式（2），假定其小前提是正确的，但其亦存在明显的错误，其实质上试图表明只是权利要求相对于审查员所给出的对比文件上具备突出的实质性特点和／或显著的进步的权利要求即具备创造性，而这样的观点明显是不成立的。在实际审查过程中不能排除审查员在有些情况下未检索到其他更合适的现有技术，而当检索思路改变后检索到了新的对比文件，此时相对于新的对比文件论述形式（2）的结论不必然为真。

在"三步法"论证形式中，大前提属于规定性的内容，必然为真。因此对一件专利申请，得到其权利要求不具备创造性结论的真伪则完全依赖于小前提是否成立，对于论证形式（1）而言即为"权利要求相对于对比文件是不具备突出的实质性特点和/或显著的进步的权利要求"是否成立。而对于上述命题的论证，在《专利审查指南》中通常被转化为"权利要求相对于最接近的现有技术是否显而易见"。《专利审查指南》给的创造性判断中的"三步法"，在确定区别特征之前所有的内容，属于固定事实的过程，而对之后确定权利要求相对于对比文件实际解决的技术问题则开始涉及显而易见的问题。而对实际解决的技术问题，是基于区别特征体现的技术手段及能实现的效果而确定的。确定某技术手段是否可以解决某问题，通常是判定该技术手段是否能产生所需的效果，而这种判断属于归纳法，归纳法在运用中更容易产生非形式上的谬误。客观地确定了权利要求相对于对比文件实际解决的技术问题后，结合对比文件或本领域的普通技术知识判定显而易见更多属于演绎推理。而这样的演绎通常是有一定的前提条件的，即本领域技术人员具有一定的逻辑能力，且这样的人属于一种问题导向型的人士。显而易见的基本演绎形式如下：

大前提：区别技术特征属于现有技术且能解决权利要求相对于对比文件实际解决的技术问题，则权利要求是显而易见的；

小前提：区别技术特征属于现有技术且能解决权利要求相对于对比文件实际解决的技术问题；

结 论：权利要求是显而易见的。

当客观地确定了权利要求相对于对比文件实际解决的技术问题后，谬误的产生更多地出现在小前提中，即"区别技术特征属于现有技术且能解决权利要求相对于对比文件实际解决的技术问题"。其中最常见的两类谬误：一是区别技术特征并非属于现有技术；二是区别技术特征属于现有技术却不能解决权利要求相对于对比文件实际解决的技术问题。

对于上述三段论，其中小前提"区别技术特征属于现有技术"，其更多意义上是事实认定的问题；而对"区别技术特征能解决权利要求相对于对比文件实际解决的技术问题"则以法律问题与事实问题的交织形式存在。当现有技术明确记载了相应的区别特征可以解决重新确定的实际解决的技术问题，此时只是单纯的事实问题；而当现有技术只是模糊地指出区别特征及其功效属性，我们更多地借助于归纳法来确定这些区别特征是否可以解决实际的技术问题，此时这些观点的论述与演绎推理的形式没有关系，而只与具体的归纳判断有关。此时若产生相应的谬误，则属于非形式谬误。

一、前提谬误

专利实质审查过程中，审查员及申请人通常会犯一些前提谬误。如审查员对部分法条的内涵、外延进行扩张性或收缩性解释，申请人对部分法条的曲解等。就审查员而言，基于《专利审查指南》规定的显而易见性的审查逻辑——三步法——进行判断审查，从而认为所有的专利案件在进行创造性审查时只能使用"三步法"进行判定，而忽视了规定"判断要求保护的发明相对于现有技术是否显而易见，通常可按照以下三个步骤进行"中的"通常"。在公知常识的应用时，认为只有惯用手段，或教科书或者工具书披露的技术手段方属于公知常识，而忽视了《专利审查指南》创造性评述时涉及公知常识的部分提出的"(i) 所述区别特征为公知常识，例如，本领域中解决该重新确定的技术问题的惯用手段，或教科书或者工具书等中披露的解决该重新确定的技术问题的技术手段"中的，"例好""等"字眼。

从申请人的角度而言，申请人通常忽视技术问题而在方案中使用一些稀有的、不常见的物料或是较偏的操作，认为本领域技术人员不容易想到使用此物料或操作，从而申请方案定会具有非显而易见性。而这样的认知是对专利法的相关规定的误解。前述谬误使审查员或申请人对部分命题的论证、说理的前提建立在一个并非完全成立的前提下，是对相关前提进行了某种预设，从而产生了前提谬误。这类争议前提的存在，常会削弱论证的说服力。而削弱论证的一个常见错误就是无法转移举证责任。如基于现有技术已知，铝元素在人体内具有累积作用，而铝与老年病是有明确的关联性的。我们断言，"在食品中使用有铝的添加剂会妨害公共利益，从属于专利法第五条规定的不能被授予专利权的案件"，但是申请人提供了一个有力的证据，如国家规定的食品添加剂标准中（GB2760）明确规定了硫酸铝钾、硫酸铝铵是可以作为粉丝、粉条的膨松剂的。现在，举证责任转移至审查员，审查员必须提出一个反对申请人的上述论述的充足理由来转移举证责任。如果做不到，我们的前提就是有争议的。如何避免争议前提，应当尽量不要让前提包含任何冲突的语句，除非能提供充分的理由。当一个论证有争议时，至少有一个前提假设了某个需要支持的事物。如上述论述，GB2760明确规定了硫酸铝钾、硫酸铝铵是可以作为粉丝、粉条的膨松剂的，但其在干样品中的残留量应当小于等于200mg/kg。审查员若想提出一个没有争议的观点，应当对前提进行必要的限定，即"在食品中超标使用有铝的添加剂会妨害公共利益，从属于《专利法》第五条规定的不能被授予专利权的案件"，此时的观点在于铝元素在人体内具有累积作用，而铝与老年病是有明确的关联性的，超量使用含有铝元素的食品添加会影响人体的健康，会妨害公共利益。

在选言论证中如果我们将选言论证表示为：A∨B。其中 A 和 B 同样都代表一个完整的命题，符号"∨"的含义是"或者"。举例如下："进入实质审查结案的案件，或是授权，或是驳回，或是视撤。"这里我们面对的是严格的或者说是不相容的选言命题，就是说组成这个命题的几个部分是相互排斥的，它们不能同时为真。一个为真，另一个或几个必为假，反之亦然。同时，很重要的一点，它们也不能同时为假。如果它们同时为假，这个命题就带有欺骗性。因为当我们说"或者是 A 或者是 B"时，隐含的意思就是两者中必选其一。如果我们的意思是"既不是 A 也不是 B"，就必须明确地说出来。[1]

二、相干谬误

（一）不相干谬误

论证在推理中被错误解读的另一原因是它所依据的前提与结论不相干。即使前提是真的，如果它与本该支持的结论

---

[1] D.Q. 麦克伦尼：《简单的逻辑学》，赵明燕译，北京联合出版公司，2016，第76页。

不相干，那就不能构成这个结论的理据，论证自然也就不成立。前提与结论不相干的论证通常会把人们的注意力从真正与当前结论相关的东西上分散开。它们有时会被那些依靠心理作用而非逻辑有效的手段去说服我们的、巧舌如簧的论辩家们所采用。"相干谬误"有多种表现形式，如图 2-3 所示。[1]

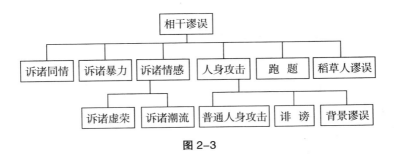

图 2-3

对专利申请提交的申请文件，《专利法实施细则》第十七条第一款第 1—3 项进行了如下规定：

1. 技术领域：写明要求保护的技术方案所属的技术领域；

2. 背景技术：写明对发明或者实用新型的理解、检索、审查有用的背景技术；有可能的，并引证反映这些背景技术的文件；

---

[1] 加里·西伊、苏珊娜·努切泰利：《逻辑思维简易入门》，廖备水、雷丽赟、冯立荣译，机械工业出版社，2013，第171页。

3.发明内容：写明发明或者实用新型要解决的技术问题以及解决其技术问题采用的技术方案，并对照现有技术写明发明或者实用新型的有益效果。

专利申请的说明书在背景技术中强调的现有技术的不足之处，应当是申请人发明内容需要解决的问题，并且方案是否解决了所想解决的技术问题，需要申请人在说明书中的具体实施方式部分进行验证。在背景技术中强调的现有技术的缺陷与发明想要解决的技术问题不相一致；发明想要解决的技术问题、实现的效果，与具体实施方式中的效果验证的验证效果不相关。上述种种行为均产生了相干性谬误，从而不利于申请人的案件获得专利权。

同样，申请人在接到审查员的审查意见通知书时，常因对具体的法条理解有限，其陈述的意见观点与具体争议的观点不相关，从而使申请人与审查员之间沟通的效率低下。如专利申请人对创造性审查过程中的"三步法"审查的内在逻辑不清，在意见陈述书中大量地罗列权利要求与最接近的现有技术的种种区别及区别能带来的效果，权利要求与对比文件2的种种区别及能带来的效果，直至权利要求与对比文件N的种种区别及能带来的效果。申请人争议最接近的现有技术外的其他文件在整体上与权利要求的区别，并不能增强意见陈述书的说服力，因为最接近的现有技术外的其他内容只是用来改造区别特征的，其作用与地位与最接近的现有技术是有所不同的。而有效的意见陈述书，其争议、说理应当基于创造性评述时的逻辑而进行，如"三步法"的内容逻辑，申请人应当围绕最接近的现有技术外的其他对比文件中，体现了权利要求与最接近的现有技术之间的区别技术特征相关联的这部分技术特征进行论证、说理，以证其他对比文件为何与最接近的现有技术无组合启示。

（二）支持谬误

一个论证是好的，其前提与结论必须构成充分支持关系。根据主流逻辑观点，前提与结论之间的支持关系要么是演绎支持关系，要么是归纳支持关系。其中，演绎支持要求所有前提都真，且结论必然真；归纳支持要求所有前提都真，且结论正如论证所宜称的那样真。如果前提与结论之间的支持关系既不是前述的演绎有效的支持关系，也不是归纳上强的支持关系，那么，这个论证就犯了"支持谬误"，换句话说，演绎无效的论证和归纳上不强的论证都犯了支持谬误。支持谬误除了前述演绎谬误和归纳谬误之外，还有一类涉及论证的谬误，但它既不是演绎谬误也不是归纳谬误，如合成谬误与分解谬误、以先后定因果谬误等，这类谬误的特点是前提与结论相干，而且前提的可接受性不是问题、关键在于根据这些前提推导不出结论。[1] 经常被滥用的归纳推理相关的五种非形式谬误，具体如图 2-4 所示。[2]

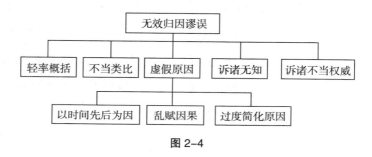

图 2-4

在专利实质审查过程中，基于结论观察论证过程，当相应的前提、说理等并不能使其结论让大众认同，通常是因为存在一定的支持性谬误。如申请文件中，申请人强调某一技术效果，但产生此效果的技术手段基于现有技术及申请文件并不能使本领域技术人员确信可以产生此效果。如在审查意见通知书中，创造性评述时，预设方案只有具备了预料不到的技术效果方可能具备创造性。如在创造性评述时，认为公知常识只能是惯用手段，或教科书或工具书等中披露的技术手段。再如申请人在意见陈述书中，认为只要添加了一些非

［1］ 陈金钊、熊明辉主编《法律逻辑学（第2版）》，中国人民大学出版社，2015，第274页。

［2］ 加里·西伊、苏珊娜·努切泰利：《逻辑思维简易入门》，廖备水、雷丽赟、冯立荣译，机械工业出版社，2013，第116页。

常规的、稀有的物料或使用了一些不常使用的操作即可以使方案具备非显而易见性。上述种种认知、行为的偏差致使结论得不到支持。

三、含混谬误

由于用心不专或故意操作，在论证过程中，词或短语的意义可能会变化。一个词项在前提中可能具有一种意义，但是在结论中是另一种相当不同的意义。当推论依赖这样的变化时，当然就是谬误。这种错误称作"含混谬误"，有时或称为"诡论"（sophisms）。[1]

此类谬误在创造性审查中评述一些非关键技术手段时最为常见。如维生素 C 在食品领域可以作为营养添加剂、抗氧化剂、酸度调节剂等。在一份专利申请中，技术方案使用到了维生素，但并未提及其在申请的方案中的具体作用，且其并不属于申请的发明点，同时维生素是与最接近的现有技术（通常为对比文件 1）的唯一区别。审查员在创造性审查中结合对比文件 2 评述了此区别技术特征，同时对比文件 2 使用了维生素 C，且明确其作用在于酸度调节。而此时，审查

---

[1] 欧文·M.柯匹、卡尔·科恩：《逻辑学导论（第11版）》，张建军、潘天群译，中国人民大学出版社，2007，第189页。

员在评述时如果直接认定申请方案中的维生素 C，对比文件 2
在方案中也使用维生素 C，从而本领域技术人员可想到在对
比文件 1 中使用维生素 C。但申请人在回复审查员的意见陈
述时，基于申请方案的产品为抗氧化产品，从而认定维生素
C 在申请中的作用在于抗氧化而非调节酸度。审查员在发出
前述审查意见时含混了维生素 C 在对比文件 2 及申请文件中
的作用，直接认定申请文件与对比文件 2 均使用了维生素 C，
从而具有结合启示，其实质上犯了含混谬误。

第三章　大前提的建构

第一节　大前提的建构

在三段论中，抽象的法律规范构成大前提，被确认为真实的具体案件事实构成小前提。在专利实质审查过程中，如果想确定具体适用法条，首先需要对法条形成的法律规范具有清晰的认识。对于简单案件而言，通过明示法条所形成规范的内涵，之后认定具体案件事实即可得到客观、公正的结论。但对于一些复杂、疑难的案件，只有对法条形成的规范外延进行明确、清晰的诠释界定，方可确定适用法条，否则会产生法条适用错误现象。

李明德以美国专利为基准，论述道："一般说来，法院的判决系依据法律条文而做出，是对条文的进一步解释。在这方面，在法律条文与具体的案件事实之间，存在着巨大的空间，需要法官进行创造性的劳动，将抽象的法律规定适用到具体的案件事实上，进而做出符合法律的判决。而在另一方面，法院在适用或者解释法律的过程中，尤其是在审理新型案件的过程中，又会发展原有的制度，甚至创立一些新的规则。对于这类规则，国会在修订专利法时有可能将之法典化，纳入有关的法律条文中。"[1] 而张建伟亦在其专著中论述道："行动中的'法律'，是司法运作中的实际做法，与纸面上的法律可能存在不少差异，甚至与纸面上的法律发生根本冲突。要想使纸面上的法律成为行动中的法律，或者说，要想使纸面上的法律与行动中的法律一致起来，一要靠权利被侵害者'为权利而斗争'和社会舆论给予支持；二要靠施行法律的人严格依照法律，让纸面上的法律与行动中的法律一致起来。"[2]

可见，法律条文与具体的案件事实之间的连接并不是直接对应的，需要司法者将其进行连接。在具体的专利实质审查过程中，涉及审查员将"纸面的法律"与"行动的法律"进行连接，而这种连接具有两个方向。第一个方向是，法律条文的诠释、释义向案件事实靠近。第二个方向是，案件事

---

[1] 李明德：《美国知识产权法（第2版）》，法律出版社，2014，第35—36页。

[2] 张建伟：《稻草人》，北京大学出版社，2011，第238页。

实的诠释、释义向法律条文靠近。在众多案件中实质上涉及两个方向的同向靠近。但无论是上述何种情形，在专利审查过程中，为了使待审查案件得到客观、公正的审查，离不开对相应法条的内涵、外延进行规范、客观解读。在具体审查过程中，这些解读是基于具体法律条文的立法本意及具体实践中产生的意义，且受具体案件的制约而进行的。对具体法律条文的内涵、外延的客观解读，权力通常在于法院，但这种解读后的再解读及具体运用时的派生性解读更多时候在于行法者。并且就社会影响面而言，行法者的解读对当事人的影响更为直接。"徒法不足以自行"，虽然法院通过具体案例的审判对法条的内涵、外延进行了一定的解读，但通常这种解读是上位化的、抽象化的，而在具体应用过程中则需要进行下位化、具体化。专利制度的审批属于一种行政行为，严格而言，行政机构并没有释法权，但在具体法律条文的应用过程中离不开对法条的理解与解释。

如果将法院通过具体案例的审判对法条的内涵、外延进行的解读称为一次解读。则可以将个案审查时的法条的应用性解读称为二次解读。而这种二次解读，在专利审查时通常受《专利审查指南》、行政引导及专利复审委员会判例、审查员的个人认知等因素的影响。在理想状态下，一次解读应当与二次解读完全相同、重合。但在实际应用过程中，因具体案件案情的复杂性及特殊性，一次解读与二次解读并非总是完全相同、重合，这些不完全相同重合需要应案情而对其进行解释，亦体现了《专利法》应用过程中的动态性。

审查员对专利法的二次解读，其目的是基于个案在应用具体法条时更好地建构大前提。在具体实质审查过程中总会出现一些个案需要审查员对相关法条外延边界进行二次解读，这种"二次解读"本质上是在立"私法"。正如《法律推理与法律理论》所言："在简单案件中，对判决结论的证明可以直接从对既定规则的推理中获得。而在疑难案件中，由于要面对'解释''区分'，以及'相关'等问题，所以必须求助于二次证明，只有当确认了其适用哪项法律上的裁判规则时，演绎推理才能派上用场。"[1]而在专利实质审查过程中，当对法律、法条的适用规则不明，或是相应的规则阐述不明时，确定具体案件审查时的适用法条会产生不同程度的混乱。即便是演绎推理，基于混乱的大前提，同样不能在形式上确保结果的真。

对大前提的解读，虽然具有一定的固定性，但并非总是一成不变。如尼尔·麦考密克指出："法院通常不会也不应当

---

[1] 尼尔·麦考密克：《法律推理与法律理论》，姜锋译，法律出版社，2018，第92页。

按照不甚明显的含义去适用法律，所以如果想让法院适用不明显的那种含义，必须提出充分的理由。能够称得上'好的'论辩理由的，要么基于后果主义，要么基于法律原则，要么两者兼具（这样更加有力）。告诉法官，若适用'如果 p'那么 q'将会与已确立的原则相冲突，或者在更加抽象的层面上与正义、常识或者得当等价值相冲突，也就需要提出充分的理由，来证明适用'如果 p"那么 q'才是对'如果 p 那么 q'这一原始规则的正确理解，并且需要证明，这种理解绝不是与成文法案的用语和主旨风马牛不相及的事情。法官越是认为这些基于后果和原则的理由充分可靠，就越能够倾向于排除那种认为只应适用更加显而易见的含义的态度，他也更能够愿意在可能的范围内'拿捏'法律用语的含义。"[1]

而对大前提的不同解释，通常会使专利实质审查过程中对个案的处理采取不同的策略。如将《专利法》中规定的新颖性缺陷与创造性缺陷，理解为对立关系还是位阶关系，对申请人的听证机会的影响是有所不同的。其中，持有对立关系观点的人认为，在驳回听证过程中，新颖性缺陷和创造性缺陷应作为不同种类的缺陷分别进行听证，在各自满足听证

---

[1] 尼尔·麦考密克：《法律推理与法律理论》，姜锋译，法律出版社，2018，第249页。

原则的前提下，才能做出相应的驳回决定。而持有位阶关系观点的人士则认为，新颖性与创造性之间的逻辑关系是对创新程度要求高低度的关系，是专利法意义上的高低度关系，因而更倾向于其是种规范意义上的位阶关系。亦即，与新颖性相比，创造性只是在创新高度上要求得更多，不具备新颖性的情况在规范意义上自然能够被评价为不具备创造性。在驳回听证程序中，对新颖性缺陷的听证可以同时视为是对创造性缺陷的一次听证。[1]

　　同样，在公开性法条中，对于是否公开充分的具体规范的限定实质上亦是一种间接地对大前提进行的诠释、解读。而这种诠释、解读会随时间、法条的施用历史而有所变化。如尹新天论述道："专利充分公开制度的价值目标和制度功能，需要通过专利充分公开的具体规范加以实现。专利充分公开规范的法律框架一般由各国专利法作出规定，但是法律框架的具体实施机制多是通过案例法逐步演化确定和完善的。专利充分公开的判断不仅是一项法律判断，更是一项技术判断。诚如一位美国法官所言：'专利诉讼具有与众不同的性质。它更复杂，更耗时，也更烧脑。这是因为，从一般情形来看，

---

[1]　张占江：《论专利法新颖性条款与创造性条款的逻辑关系》，《中国发明与专利》2016年第12期，第97—100页。

系争专利均是某些科学或技术领域最成功的进步所在，所以法官只有掌握了作为争议的事实基础之背景技术，才有可能正确处理其法律问题。这也是很多法官不愿意听审专利案件的原因所在。关于不同性质的技术领域、不同复杂程度的技术，专利申请是否得到充分公开，判断规则并不完全相同。因此，专利充分公开的判断在技术发展的不同历史阶段和不同技术领域，呈现出不同的面貌，需要专利行政机关和司法机关因应时势对专利充分公开规则不断加以演绎和更新。'"[1]

第二节　大前提建构的基础

一、现实基础

在专利实质审查过程中，大前提建构理论上通常是依据《专利法》《专利法实施细则》而进行。因法律本身的上位性，在实际操作过程中更多的是借助《专利审查指南》及法院判例中形成的一些相对具体的观点而建构大前提的。《专利审查指南》及法院判例中形成的一些观点虽整体上具有一定的稳

---

[1]　尹新天：《中国专利法详解（缩编版）》，知识产权出版社，2012，第15页。

定性，但亦会随着时间、政策、规章等调整而变动。公开不充分法条及"三性法条"[1]在实质审查过程中的使用比重因年代不同，在一定程度上体现了这种变动。而这种变动反应在实质审查操作过程中，更多地体现在对法条所形成的大前提的解读的细节的迁移而非跨越。

在实质审查过程中，涉及的可驳回条款位于《专利法实施细则》第五十三条[2]。其中，《专利法实施细则》第五十三条第一项中的《专利法》第五条第二款、第九条[3]，第二项

---

[1]《中华人民共和国专利法》第二十二条对新颖性、创造性、实用性进行了规定，其在专利审查领域中通常简称为"三性法条"。

[2]《中华人民共和国专利法实施细则》第五十三条的规定：依照专利法第三十八条的规定，发明专利申请经实质审查应当予以驳回的情形是指：（一）申请属于专利法第五条、第二十五条规定的情形，或者依照专利法第九条规定不能取得专利权的；（二）申请不符合专利法第二条第二款、第二十条第一款、第二十二条、第二十六条第三款、第四款、第五款、第三十一条第一款或者本细则第二十条第二款规定的；（三）申请的修改不符合专利法第三十三条规定，或者分案的申请不符合本细则第四十三条第一款的规定的。

[3]《中华人民共和国专利法》第九条的规定：同样的发明创造只能授予一项专利权。但是，同一申请人同日对同样的发明创造既申请实用新型专利又申请发明专利，先获得的实用新型专利权尚未终止，且申请人声明放弃该实用新型专利权的，可以授予发明专利权。两个以上的申请人分别就同样的发明创造申请专利的，专利权授予最先申请的人。

中的《专利法》的第二十条第一款[1]、第二十二条第二款、第二十六条第五款[2],在应用时通常直接列出具体的法条作为大前提，对具体案件的事实直接认定而判定其是否涵摄于大前提即可得到结论。对于其他法条或相应法条的部分款项，通常需要对法条中的部分术语进行普适化的解读，从而使建构的大前提更方便公众理解。前述区别并不意味着各个具体法条应用时需要其形成的大前提的范畴是固定的，而只是对较为普遍的情况的一种说明。

如《专利法》第二十二条第二款规定：新颖性，是指该发明或者实用新型不属于现有技术；也没有任何单位或者个人就同样的发明或者实用新型在申请日以前向国务院专利行政部门提出过申请，并记载在申请日以后公布的专利申请文件或者公告的专利文件中。对新颖性的案件审查时，通过对具体案件的事实认定，进而判定其是否涵摄于大前提中即可得到结论。对于此类法条，通常并不涉及与申请人在法条定

---

[1]《中华人民共和国专利法》第二十条第一款规定：任何单位或者个人将在中国完成的发明或者实用新型向外国申请专利的，应当事先报经国务院专利行政部门进行保密审查。保密审查的程序、期限等按照国务院的规定执行。

[2]《中华人民共和国专利法》第二十六条第五款规定：依赖遗传资源完成的发明创造，申请人应当在专利申请文件中说明该遗传资源的直接来源和原始来源；申请人无法说明原始来源的，应当陈述理由。

义的内涵外延层次上的沟通。

而部分法条，其中的术语需要进行普适化的解读，从而使建构的大前提更方便公众理解。如《专利法》第五条第一款规定：对违反法律、社会公德或者妨害公共利益的发明创造，不授予专利权。当审查员针对一件专利申请而发表其属于"妨害公共利益"的意见时，表明该专利申请不能被授予专利权。此时，审查员需要明确在相应的领域绝大多数人的利益追求是什么，即"公共利益"的所在。而这种"公共利益"的界定会因技术领域及人们追求利弊时的综合考量而有所不同。如在食品产品中使用了国标和国家行政规定，及约定俗成的食材外的一些含有毒副作用的原料时，审查员通常可能因产品存在安全风险，而发出"妨害公共利益"的审查意见；但国标规定的一些成分，虽然有一定的毒副作用，但在食品加工过程中又不得不加时，如含铝类添加剂等，只是因为其毒副作用而发出"妨害公共利益"的审查意见是不当的。又如，在经口食用的产品中使用中草药时，当其含有一定的毒副作用时，在中药领域审查员通常并不会发出"妨害公共利益"的审查意见。但是在食品领域，当其并不属于行政部门规定的可用于食品的药食两用原料，亦不属于新资源食品原料或是约定俗成的可作为食材的原料时，审查员通常发出"妨害公共利益"的审查意见通知书。

由此可见,《专利法》《专利法实施细则》《专利审查指南》及法院判例中形成的一些观点为大前提的建构提供了现实基础，但对法条的具体应用亦是在不断的实践探索中前行。

二、历史基础

不了解历史，将不会了解现在，亦不会了解未来。《专利法》及其所涉及的相关术语等是经过一定的历史沉淀而得到的。对于大部分专利案件而言，基于《专利审查指南》等相关的解释而建构的大前提，足以使案件审查得以顺利进行。而在每年数十万、上百万的专利申请量的前提下，总有一些专利申请基于现有的审查标准不足以建构合适的大前提。但基于相应的审查标准的历史变革可以使大前提的建构突然明朗。而实用性法条、公开充分法条、创造性法条，属于实质审查中使用频率极高的法条，有必要对其发展过程有所了解。

西方国家的专利制度起始较早，在工业革命前专利申请的主体通常是一些作坊主，其基于描述的方案施行的好处而得到一定的特许权如专利权、垄断权，而这些专利在授权后需要经过实施并检验其效果，如若不合相应的描述，将撤回授权。这种通过实施检验其效果及与请求专利权时的描述是否相一致实质是含有了当前实用性与公开充分所体现的一些要求的萌芽。在工业革命时期，随着社会分工的细化，专业发明家的产生，实用性现场检验不存在客观条件。为了保护公众利益，公开充分提上了日程；此时平衡的是公众与个人的利益，于个人角度而言是技术保密与专利保护之间的平衡性问题。而此时，公开是否充分更多地考量公众与个人的利益及申请者的权利保护问题，而这要求申请人的方案是可以具体实施的，并且其效果应当是可以得到确认的。此时的方案可以实施，效果可以实现更多的时候由现场验证变成了理论性的验证。近现代，随着人们对专利的重要性的认识加深，大量的贡献较低的发明被提出，发明的高度受到重视，对创造性提出要求，而创造性更多的考量的是技术方案的技术贡献。

通过上述专利的发展历史可知，实用性、公开充分及创造性是相互关联，一脉相承的。随着分工的细化，这种孕育着实用性、公开充分的现场实施并检验其效果转化成了理论论证实用性、公开充分及创造性。从而，实用性更多地体现在了技术方案是否能实施；公开充分更多平衡的是申请人与公众的权利与利益，其在实质审查中更多体现的是技术方案与技术效果之间的确信性问题；而创造性则成了判定技术方案的技术效果的高度相对于现有技术相关方案的技术效果高度的问题。

通过对上述法条的发展历史的基本认知再结合《专利审查指南》对实用性、公开充分及创造性的一些相关规定，当单纯地基于《专利审查指南》，难以确定具体案件所存在的问题是属于实用性问题还是公开充分性问题，或是公开充分性问题还是创造性问题时，结合相关法条的历史发展为选择合适的法条提供了启示。而这种启示实质上决定了最终具体案件在实质审查过程中的大前提的建构。

三、对比基础

虽然各个国家司法独立，但在具体司法过程中借鉴其他国家相近法条的解析与应用亦属于具体司法实践中常见的行为。客观上亦存在大量的关于相同、相近法条在国与国之间的对比研究。各个国家的《专利法》，是受国际相关条约约束，而生成具体的国内法。参加条约的各国在产生具体的法律规定时，必然会考虑条约的一些普遍要求，因而，各国的《专利法》的具体法条具有较大的相似性，因此，对比各国具体法条的一些权威性解析，对我国《专利法》中具体法条的运用具有重要的借鉴意义。

对实用性法条的应用，存在着欧洲和日本的"工业实用性"标准和美国的"实用性"标准之分。依"工业实用性"

标准，发明创造必须能够在包括工业、农业、商业、交通运输业等任何一种产业上运用才视为有实用性，同时，如果某项发明创造确实可以运用于上述产业，则也就满足了实用性的要求，而不再去考虑其效用的具体内容。美国的"实用性"标准则要求，实用性必须是特定的、本质的和可信的，至于这种实用性是否一定通过在产业上运用来体现，则并没有特别要求，相反，即使一项发明创造能够在产业上被制造或使用，但是如果其实用性并不是特定的或者本质的，仍然被视为不满足实用性的要求。[1]美国的实用性判定规则——要满足《专利法》要求的实用性必须是特定的（Specific，或具体的）、本质的（Substantial，或实质的）以及可信的（Credible）。所谓具体的或者特定的用途（Specific Utility）是指专利申请所揭示的用途不能非常模糊以至于没有意义（Meaningless）。例如，仅仅描述申请专利保护的化合物具有"生物活性"或"生物特点"，并能产生与这些活性、特点有关的用途；或者是，仅仅表述该化合物"对技术和医药目的有用"等。一项具体的用途必须能够向社会公众提供一项明确而特定的好处。美国专利商标局的实用性审查指南要求，特定用途是指所要求保护的客体的独特用途，而不是一个宽泛类别的发明所具

---

[1] 杨德桥：《专利实用性要件研究》，知识产权出版社，2017，第70页。

有的用途。美国法院在确定一项发明是否具有"本质的"用途时，交替使用"实际的用途"（Practical Utility）和"现实的用途"（Real World Utility）这两个表达标签。美国海关和专利上诉法院曾指出"实际的用途"是将"现实的用途"的价值归功于所要保护的客体的快捷途径。至于"可信的"实用性，一般指的是申请人所披露的用途，能使本领域普通技术人员形成合理信赖，认为所披露内容应该是真实的，这就要求对用途的披露不能存在逻辑上的矛盾，并且不能与公认的科学原理相悖。[1]

可见，即便是对同一法条，在不同国家对其的诠释、解读与应用亦是有所不同的。而这种不同的相互交织与借鉴对法条的应用、发展是有一定影响的。这些影响在一些具体的案件审查中影响着审查员基于具体案情对大前提的建构。

第三节 影响大前提建构的因素

专利实质审查中，进行大前提建构时，离不开具体的建构主体，即一个个鲜活的实质审查员。为了尽可能地确保不

---

[1] 杨德桥：《专利实用性要件研究》，知识产权出版社，2017，第77—79页。

同建构主体对同一案件的审查可以得到相同的结论，以体现具体法条的客观性，各国专利法和国际公约规定了"本领域技术人员"为一个假设的人。要求在任何一件专利申请的实质审查过程中，具体的审查员的能力要尽可能地向这一假设的人应具有的能力靠近。本领域技术人员不是一个真实的客观存在，而是《专利法》为了满足对专利审查的需要所虚构出来的一个人，即本领域技术人员是一种法律上的拟制。既然不是一种客观的存在，而是一种法律的拟制，那么不同的词语表达形式并不重要，无论使用"本领域普通技术人员""本领域技术人员""所属领域的技术人员"还是"具有发明所属技术领域通常知识的人"，都无关紧要。"真正有意义的是法律对这一概念内涵的充分界定，因为人们是通过法律对其内涵的界定来把握和使用这一概念。法律上的若干概念都是法律的拟制，不存在与现实存在物的严格对应关系，但是法律拟制也有其限度，那就是不能过度远离其现实参照物，并且要根据参照物的变化进行概念内涵的动态调整。"[1]在基于法条建构具体大前提的过程中，需要考量具体存在的案件的实际情况而进行具体化的处理。在专利实质审查中，

[1] 杨德桥:《专利充分公开制度的逻辑与实践》，知识产权出版社，2019，第182页。

涉及法律性问题及技术性问题，并且这两类问题经常交织在一起。虽然在专利实质审查中大前提的建构中考量更多的是法律问题，但仍需要关注一些技术问题。法律问题虽说有一定的稳定性，但作为反映科学技术突飞猛进最为集中的专利领域，技术变动的速度相对于法律变动的速度更快。

在专利实质审查时会涉及具体的论证，而每个论证都由两个基本要素，即两个不同类型的命题组成：一个"前提"和一个"结论"。前提是一个支持性命题，它是一个论证的起点，包含着推理的出发点所依靠的基础事实。结论是被证明的命题，它在前提的基础上得出，并为大家接受。复杂论证通常包含大量的前提，而且各个前提之间往往相互作用，具有一定的关系。你可以有一整套相互关联的前提，其中一个可能建立在另一个前提之上，所以要摆正它们之间的关系，以便得出正确的结论。[1]

法条的具体运用涉及具体的前提与结论。具体的法、规定、案件事实、客观事实，形成了案件审查时的前提。这些前提的准确性、客观性均会在一定程度上对一件专利申请案件的实质审查结论的客观性产生或大或小的影响。《专利法》

---

[1] D.Q. 麦克伦尼：《简单的逻辑学》，赵明燕译，北京联合出版公司，2016，第58页。

制定后，为了保障其正常运行，实现最初的立法本意，通过《专利法实施细则》《专利审查指南》、法院的判例及指导意见、专利局的指导意见等形式，使法律得到正常运行，并实现其立法本意。

任何法律、行政行为的具体实施，均对实施者有一定的限制与要求，以确保相应的法律、行政行为不会因人而异。这样的限制与要求，在专利实质审查过程中，保障了专利审查中的一些确定性。但是，人是一种带有情感与个体属性的生物体，由人组成的社会所产生的社会性行为，并不一定完全依据法律、行政规定所预设的完美状态而进行，因而要求对法律、行政规定的限定与要求具有一定的灵活性。这样的灵活性实质上亦反映了专利审查过程中的不确定性。因此，在专利实质审查过程中，存在着确定性与不确定性的结合，任何一方的偏失均会为专利审查制度的完美运行带来麻烦。下面对专利实质审查中影响其大前提建构的因素进行分析。

一、释法权限

在美国，1966 年的"格拉汉姆"一案中，最高法院曾经批评专利局在非显而易见性的问题上，通常采用宽松的标准，授予了大量不应当授予的专利权。最高法院要求，专利局应当严格执行非显而易见性的标准，这不仅可以加快专利审查速度，而且还可以与法院所采取的标准一致。对此，有人提出不同的看法，认为专利局的审查授权与法院的无效宣告，是具有不同作用的两套体系。大体说来，专利审查员根据自己掌握的现有技术，直接判定申请案中的发明是否符合非显而易见性的要求，并且尽快作出是否授权的决定。与此相应，相关的专利权属于推定有效的权利。同时，在专利局授予的大量专利权中，只有很少的一部分具有市场利用价值。其中，涉及侵权纠纷并进入有效性审查的专利权数量更少。在这种情况下，法院完全可以花费更多的时间和精力，根据当事人提供的证据，发现新的事实，运用商业性成功等辅助要素，审查相关专利是否符合非显而易见性的标准。这样，专利局的审查以单方面评估现有技术的方式，判定大量的申请案是否符合非显而易见性的要求。而法院则针对少数涉及侵权纠纷的专利，以严格的标准和严格的证据程序，剔除那些不符合非显而易见性要求的专利。[1]

基于上述论述可知，即便是在美国，法院的要求与专利局在非显而易见性的标准的执行认定上亦存在一定的分歧。而这种分歧站在法院的角度而言，其观点在于专利局对相应

---

[1]　李明德：《美国知识产权法（第2版）》，法律出版社，2014，第57—58页。

的证据、材料的收集不够充分，从而使非显而易见的标准未得到严格的执行。而站在专利局的角度而言，因技术的复杂性，非显而易见的专利权在专利局只能是一种推定有效的权利。基于简单的逻辑分析可知，当在创造性审查过程中为了建构小前提而检索得到相应的最接近的材料后，当大前提与具体的材料（最接近的现有技术）关系越明确时，其建构小前提所需要的额外材料及证据越简单；而当大前提与具体的材料（最接近的现有技术）关系越间接时，其建构小前提所需要的额外材料及证据越复杂。为了更高效地判定一件申请是否非显而易见，可以通过提高大前提的适用性及小前提建构时材料的准确性来实现。具体专利申请文件具有较高的复杂性，简单含糊的非显而易见的判定模式并不能有效地解决所有案件的判定。通过非显而易见标准的适当具体化则可以有效地提高具体的审查效果，这需要法院、专利局对非显而易见的一些标准进行适当的具体化。这种具体法应当体现出创造性立法的本意，其实质亦涉及对具体法条的释法性问题。

此外，在具体的法条运用时，有时对同一案件的适用法条却有着不同的解释。如在《中国专利法详解》中，作者对实用性法条中能够应用的解释如下：所谓"应用"，是指如果申请专利的发明创造涉及一种产品，该产品必须能够实际制造出来并且能够产生预期的效果；如果申请专利的发明创造涉及一种方法，该方法必须能够在实际中予以使用并且能够产生预期的效果。[1]作者随后论述道：发明或者实用新型专利申请属于下述情形之一的，应当认为不具备实用性：（1）缺乏技术实现手段。具备实用性的发明或者实用新型，应当是一项已经完成的技术解决方案。如果申请仅仅提出了发明想要达到的目标或者想要解决的技术问题，却没有提供如何达到其目标或者解决其问题的技术手段，该发明就是一项尚未完成的发明，不能制造或者使用，因而不具备实用性。（2）违背自然规律。（3）利用独特的自然条件完成的技术解决方案。[2]但作者在相应的备注中关于不具备实用性的第1条又解释道其方案难以实现，从而其亦公开不充分，可以用公开不充分进行驳回。可见，在具体应用过程中，对同一现实中的问题可能对应着两个法条，而不同的法条建构的大前提并不完全相同，这些可以通过恰当的操作流程或规定及合理的释法而得到解决。

在专利的实质审查过程中，涉及种种法言法语。这些法言法语使用频率越高，越容易引起广泛的讨论、研究，最终

---

[1] 尹新天：《中国专利法详解（缩编版）》，知识产权出版社，2012，第200页。

[2] 尹新天：《中国专利法详解（缩编版）》，知识产权出版社，2012，第201页。

可以形成相对稳定的一些解释。但一些使用频率不高或是太过于基本的术语，通常被束之高阁。如《专利法实施细则》第五十三条规定的可驳回的情形中，申请不符合《专利法》第二条第二款[1]。但对于何为"技术方案"，何为"技术"，整本《专利审查指南》中并未给出明确的定义。如若在实际审查过程中，准备通过《专利法》第二条第二款驳回一件专利申请时，通常直接面对的一个问题是如何定义技术而建构大前提。但对于何为"技术方案"，最常见的是基于技术问题、技术手段、技术效果而确定某个方案是否为技术方案；但问题的关键在于何为"技术"，在术语"技术"未确定的前提下，直接讨论技术问题、技术手段、技术效果，好比将房屋建在沙滩上一般。诸如上述问题的出现迫使相关的从业人员对一些基本的术语进行思考与讨论，也正是这些思考与讨论推动着《专利法》前行着。

---

[1]《中华人民共和国专利法》第二条第二款的具体内容为：本法所称的发明创造是指发明、实用新型和外观设计。发明，是指对产品、方法或者其改进所提出的新的技术方案。实用新型，是指对产品的形状、构造或者其结合所提出的适于实用的新的技术方案。外观设计，是指对产品的形状、图案或者其结合以及色彩与形状、图案的结合所作出的富有美感并适于工业应用的新设计。

二、规则真空

通过上述论述可知，偏于法理性的释法与偏于实践性的释法，在个别情况下会使同样一件案件适用不同法条。法理性的释法的最终目的仍是要通过实践性的释法进行司法，而实践性的释法要受制于法理性的释法以体现立法本意。当法理性的释法越偏重于法理而忽视了实践，实践性的释法越偏向于实践而轻视了法理，法理性的释法与实践性的释法之间的鸿沟就越大。同样一件案件产生了适用不同法条的情况，与其说是释法不到位的问题，不如说是法理本意与实践操作之间存在真空地带。而这样的真空地带，只有进行法理性释法的法院更多地关注一些应用实践性问题，以及进行应用实践的行政部门更多地考量一些法理性原理，通过两者之间的不断碰撞、交流才可以得到填充。

实际上，在部分法条的涵摄外延上，除了不同主体对相同法条的解释有区别外，即便是在同一主体内，因领域特色亦具一定的逻辑真空地带。如在创造性评述过程中，《专利审查指南》在确定发明的区别特征和发明实际解决的技术问题部分指出："在审查中应当客观分析并确定发明实际解决的技术问题。为此，首先应当分析要求保护的发明与最接近的现有技术相比有哪些区别特征，然后根据该区别特征所能达到的技术效果确定发明实际解决的技术问题。从这个意义上说，发明实际解决的技术问题，是指为获得更好的技术效果而须对最接近的现有技术进行改进的技术任务。"可见，在典型的专利申请的创造性审查中，通过发明实际解决的技术问题的确定，而认为相对于最接近的现有技术，发明可以获得更好的技术效果。实际上，在实际操作中经常会出现一些确定区别特征后，这些技术特征并未使技术方案产生更好的技术效果，而有时甚至产生了技术上的倒退。而对这类专利申请的审查，《专利审查指南》中并未给出明确的规定与引导。

此外，有创造性应当具备两个条件，即具备突出的实质性特点和显著的进步。而在《专利审查指南》中只给出了突出的实质性特点的审查逻辑框架，而对显著的进步的审查只是给出了数种示例性的标准，且在实操上通常很少有案件因单纯的不具备显著的进步而被驳回。部分观点认为，在创造性的非显而易见的审查过程中，确定实际解决的技术问题时即体现了方案是否具备显著的进步。表明了显著的进步是包含在创造性的审查逻辑中的，从而单独地列出显著的进步并将其与具有突出的实质性特点相并列，本身即是不当的。

在公开不充分（即技术方案能够实现）的审查中，《专利法》第二十六条第三款规定，说明书应当对发明或者实用新型做出清楚、完整的说明，以所属技术领域的技术人员能够实现为准。《专利审查指南》中规定："能够实现，是指所属技术领域的技术人员按照说明书记载的内容，就能够实现该发明或者实用新型的技术方案，解决其技术问题，并且产生预期的技术效果。"同时规定在公开不充分的审查中，审查的主体"所属技术领域的技术人员"的含义，适用创造性审查时对本领域技术人员的定义。而在创造性审查时，本领域技术人员所具备的知识能力是两类：（1）天然具备的能力；（2）需要借助一定劳动能力便不需要付出创造性劳动即可获得的现有技术知识的能力，如通过检索获得的一些知识能力。而《专利审查指南》第七章指出，公开不充分是属于不必检索的情况。而随之产生的问题便是，在公开不充分的审查过程中，审查主体应当具备的能力的水平应当是何种程度缺少相应的标准。在实际操作过程中，实审部门及复审部门等在审查主体应当具备的能力的水平的认知上并不一致，并且时不时地会产生通过检索后来确定申请文件是否公开充分的问题。如王静[1]在其学位论文《论发明专利申请的"充分公开"》中所指出的复审委第 16628 号复审决定、复审决定第 15583号决定等即支持了上述观点。

---

[1]　王静：《论发明专利申请的"充分公开"》，中国优秀硕士学位论文全文数据库（社会科学 I 辑），2011 年第 7 期，第 20、25 页。

上述种种规则空白，致使了实践操作过程中需要借助对标准外延的解释来诠释具体案例中的特殊情况，而这种诠释权的边界通常并不明确。

三、释法的程度

在专利实质审查中，交织着技术问题与法律问题。"徒法不足以自行"，为了使具体的法条准确、灵活地适用于具体的案件，通常需要对法条进行一定程度的下位化释法，以使法条在实践过程中具有一定的可操作性。而当下位化释法时，过于具体化便不免致使法条适用具体案件的灵活性等特性受限。

在专利审查实践过程中关于创造性审查，通常认为确定是否具备突出的实质性特点属于法律性问题，而确定技术特征之间的现有状况则属于技术性问题。依据常规理解，法律性问题应当是由司法机构进行释法，技术性问题则是由具体的行政机构进行处理。但是，是否具备突出的实质性特点是需要将现有技术的现状充分地呈现，基于相关的证据方可进一步进行判断。现有技术浩如繁星，如何在现有技术中确定所需要的证据，需要将是否"具备突出的实质性特点"进行可操作性处理，《专利审查指南》给出了是否"具备突出的实质性特点"的一般判定方法。这样的方法只是"一般"性的方法，对特殊案件上述一般判定方法的内在逻辑是否适用本身即是未定的。

再如《专利法》第三十三条规定，对发明和实用新型专利申请文件的修改不得超出原说明书和权利要求书记载的范围。"原说明书和权利要求书记载的范围"是指字面记载范围还是指技术意义的记载？如果是指前者相当于并未给专利申请人任何重新调整文件撰写形式的操作空间。如果属于后者，是否超出技术意义上的记载的判断，远超出了对法院法官能力的要求，此时这种是否超范围的解读判定更多的在于偏重技术的专利审查机构方可完成。

在确定驳回时机的问题时，《专利审查指南》的规定如下："如果申请人在第一次审查意见通知书指定的期限内未针对通知书指出的可驳回缺陷提出有说服力的意见陈述和／或证据，也未针对该缺陷对申请文件进行修改或者修改仅是改正了错别字或更换了表述方式而技术方案没有实质上的改变，则审查员可以直接做出驳回决定。""修改仅是改正了错别字或更换了表述方式而技术方案没有实质上的改变"，其中"改正了错别字或更换了表述方式"等同于"技术方案没有实质上的改变"，还是"改正了错别字或更换了表述方式"只是"技术方案没有实质上的改变"最为显而易见的一种形式是需要明确的。站在申请人的角度，其更希望是前一种解释，而站在审查员的角度，为了提高审查效果，其更希望是后一种解释。笔者更偏向于后一种解释，并且其相应的观点亦受到具体法院的案例及专利局相关的业务指导的支持。随之而来的问题是"实质上的改变"如何界定方可以更好地兼顾申请人的利益及具体的行政资源的利用，其本身即是值得专利行业的相关工作者思考的问题。在申请文件是否进行了实质性的修改的问题上，对于权利要求的合并有部分观点认为，当将同一组权利要求中的权利要求进行合并时，并不属于方案的实质上的变化。但上述判断是通过形式判定了实质，经常会发现一些案件经过上述修改而使一件不具备授权前景的申请变为了具有授权前景的申请。具体示例如下：

权利要求 1：一种组合物含 A、B、C。

权利要求 2：如权利要求 1 所述的组合物，其中 B 为 B1。

权利要求 3：如权利要求 1 所述的组合物，其中 C 为 C1。

当申请人的贡献点在于 A，而 B、C 过于常规时，合并所有权利要求时，方案并无本质上的改变，此时可以认为方案的修改并未使方案发生"实质上的改变"。但当申请人的贡献点不在于 A，而在于 B1、C1 之间的相互作用时，且现有技术亦无相应的 B1、C1 之间的相互作用产生的新的功效的教导，合并所有的权利要求，此时方案的修改是使方案发生"实质上的改变"。可见，形式化地规定权利要求的修改是否使方案发生"实质上的改变"，必然会在个别情况下产生错误，并且容易使案件的走向产生错误。

另一个关于实质审查过程中大前提建构时释法具有弹性空间的典型同样出于《专利法》第三十三条，依据《专利审查指南》对"原说明书和权利要求书记载的范围"的解释，是指"原说明书和权利要求书文字记载的内容和根据原说明书和权利要求书文字记载的内容以及说明书附图能直接地、毫无疑义地确定的内容"。其中，"原说明书和权利要求书文字记载的内容"是比较容易确定的，但"根据原说明书和权利要求书文字记载的内容以及说明书附图能直接地、毫无疑义地确定的内容"中，这种"能直接地、毫无疑义地确定的内容"的边界何在是存在争议的。在具体实质审查实践中，存在两类观点：一类观点认为，对修改范围应当关注的是申请文件中记载的、申请人认为的发明贡献点，对其他形式上的内容，其即便是基于原申请文件中不能唯一确定，亦不应当认为是修改超范围，持这类观点的群体通常允许申请人对申请文件在修改时进行二次概括。另一类观点则认为，"能直接地、毫无疑义地确定的内容"应当具有唯一性，是对"原说明书和权利要求书文字记载的内容"的极特殊情况下的特例的补证，通常不允许申请人在修改申请文件时进行二次概括。

经过上述分析可知，在专利实质审查过程中，对《专利法》进行应用性阐释的《专利审查指南》在面对形形色色的专利申请文件审查时，对部分法条的阐释在个别案件的应用中仍显得过于上位化，从而不利于专利实质审查时对具体大前提的建构的统一，这意味着法条的释法空间仍然巨大。

四、法条的特性

《专利法实施细则》第五十三条给出了实质审查中可使用的驳回条款，但这些法条的使用频率有极大的差别。在专利实质审查过程中，最常用的法条便是三性法条（实用性法条、新颖性法条、创造性法条）。三性法条中的实用性、新颖性、创造性，又被称为《专利法》中的实质性法条。上述三性法条，其中使用最多的当属创造性法条，其次是新颖性、实用性。自 2010 年前后，国家知识产权局提出"专利实质审查审实质"后，在所有的评述性通知书中，涉及创造性的通知书高达一半以上。不清楚、不支持法条（A26.4）、公开不充分法条（A26.3）、新颖性（A22.4）、实用性（A22.2），以及其他一些更不常用的在《专利法实施细则》第五十三条给出的实质审查中可审查的法条，其总和在具体实际审查过程中只占少数。并且，部分法条，如《专利法》第二条第二款，在实质审查过程中用到的概率更是极低。可见，在专利实质审查过程中，法条运用的频率是存在明显分化的。有些是因为法条自身的特殊性等客观原因，但亦不排除在实际应用过程中，一些主观因素的影响。

在具体实质审查过程中，只是简单地通过对相关的法条进行必要的阐述、说明或是辅助引用一些证据即可使申请人接受审查员的观点的法条，我们通常可以简称为弱证据性法条。那些以法条的法理解释、阐述为辅，更多的是证据的收集与阐述的法条，我们可以将其称为强证据性法条。对于审查而言，前者的难点在于需要结合具体案件对法条的法理等内涵外延进行清晰、明了的阐述，并使申请人信服；对于后者而言，其难点则在于关联证据的收集与合理阐述。即对于弱证据性法条，审查员只需要对对应的法条及《专利审查指南》给出的一些大前提进行解释，并对相应的申请事实进行必要的认定，从而判定其是否属于《专利法》《专利法实施细则》中规定的即可。对于强证据性法条，审查员除了完成上述相应的工作，仍需要对现有技术进行必要的检索，即查找证据，以支持相应的事实认定。

（一）弱证据性法条

对于弱证据性法条，在专利实质审查中通常只要对法条相关的大前提进行充分的解释，即建构出必要的大前提后，经过对事实进行必要的认定后，即可确定案件是否属于相应的法条规定的情形。这类法条，在实质审查过程中的难点在于大前提的建构与诠释，而小前提则通常是显而易见的。

如《专利法》第九条规定，同样的发明创造只能授予一项专利权。在实质审查过程中，只需要检索到另外一件授权的专利申请，与待审案件进行比较，确定其属于同样的发明创造即可，对于同样的发明创造性，《专利审查指南》中是有明确规定的。此时，审查员只需要给出相应的法条，解释清楚何为同样的发明创造，即可得到待审案件不能被授予专利权的结论。又如《专利法》第二十五条规定："对下列各项，不授予专利权：（一）科学发现；（二）智力活动的规则和方法；（三）疾病的诊断和治疗方法；（四）动物和植物品种；（五）用原子核变换方法获得的物质；（六）对平面印刷品的图案、色彩或者二者的结合作出的主要起标识作用的设计。对前款第（四）项所列产品的生产方法，可以依照本法规定授予专利权。"对此类法条的应用，实质审查员只要基于《专利审查指南》等相关规定结合具体案件，对科学发现、智力活动的规则和方法、疾病的诊断和治疗方法等相关的定义、规定给予明确清晰的界定，并对申请人请求保护的技术方案进行必要的解释、诠释即可确定对应的申请是否属于上述法条规定的情况。在这些法条的应用过程中，很少涉及证据收集引用的问题，即便是涉及证据的收集引用问题，实质审查员与申请人之间的争议更多的是在于具体规定、要求的解读与诠释上是否合理、科学且具有说服力，而并不在于证据是否合理、恰当。

弱证据性法条在各个领域出现的概率是不一样的，并且在具体实质审查过程中相对于"三性法条"而言应用得较少。

（二）强证据性法条

与弱证据性法条相对的是强证据性法条，这类法条的难度通常在于证据的收集与解读。在审查逻辑上，其难点在于小前提的建构上，但这并不意味着审查过程中大前提的建构是不重要的，只是大前提的建构通常相对简单。如在创造性的评述过程中，何为具备突出的实质性点，便需要对具体法条的大前提进行建构。如果能够无须付出创造性的劳动，现有技术即可得到如待审案件的技术手段所组成的方案，并能解决相同的技术问题，实现相同的技术效果，那待审案件的方案是不具备突出的实质性特点的，通常称其为具有显而易见性。对于创造性审查而言，《专利审查指南》为审查逻辑过程中的大前提的合理建构提供了必要的支持。即便如此，在专利实质审查过程中，因创造性法条问题而引起的申请人的异议是最多的，也是最强烈的。这种原因更多地体现在证据的有效性上，即创造性审查对证据的要求强度通常是远高于其他法条的。

强证据性法条证据的收集、阐述、分析是受制于大前提的建构的。在创造性审查过程中，最接近的现有技术的收集同样受申请人在说明书中记载的现有技术的缺陷、申请所要解决的技术问题及申请实际所能解决的技术问题的指引。这是由于创造性审查目的在于判定现有技术是否存在申请文件中权利要求所体现出的发明点的方案的起点方案，这样的方案与申请文件中权利要求的方案越相似，表明两个方案之间的差别越少，判定区别特征是否能为方案带来突出的实质性特点和显著的进步越容易。在确定起点方案后，评述区别特征所体现的技术手段是否具有结合启示时的证据收集亦受大前提建构的约束。依据《专利审查指南》的规定，当最接近的技术方案外的方案公开了区别特征所体现的技术手段，并且这样的技术手段在对比文件中起到的作用与申请文件中起的作用相同时，则认为对比文件之间具有结合启示。可见，在创造性审查时，当确定了最接近的现有技术后，其他证据的收集是受"三步法"评述逻辑制约的，要求在确定区别特征后，用于评述区别特征的证据要关注体现技术手段的区别技术特征是否相同、作用是否相同。

同样，强证据性法条小前提的建构明显受到所收集的证据的影响。证据的有效性越高实质审查员与申请人之间的异议越少，审查结论的稳定性越高，反之则越低。

五、程序性问题

在司法过程中，程序的正当性为司法的最终结论的合理性提供了有力的保障；不正当的程序通常会致使不合理的结论；正当的程序则为司法结论的客观性及准确性提供了必要的护航保障。《专利审查指南》为实质审查过程中的程序专立一章，对其进行必要的说明。在实质审查过程中，所规定的各个法条的使用先后顺序，体现了在审查一份专利申请时审查员所需要进行思考的思维流程，属于确定所应用的法条的思维导图。一份专利申请的全面审查，所运用的法条及相应的审序是确保专利实质审查结论客观性的前提之一。下面则是《专利审查指南》中规定的专利审查过程中实质审查员考量法条应用时的审序：

为节约程序，审查员通常应当在发出第一次审查意见通知书之前对专利申请进行全面审查，即审查申请是否符合《专利法》及其《专利法实施细则》有关实质方面和形式方面的所有规定。

审查的重点是说明书和全部权利要求是否存在《专利法实施细则》第五十三条所列的情形。一般情况下，首先审查申请的主题是否属于《专利法》第五条、第二十五条规定的不授予专利权的情形；是否符合《专利法》第二条第二款的规定；是否具有《专利法》第二十二条第四款所规定的实用性；说明书是否按照《专利法》第二十六条第三款的要求充分公开了请求保护的主题。然后审查权利要求所限定的技术方案是否具备《专利法》第二十二条第二款和第三款规定的新颖性和创造性；权利要求书是否按照《专利法》第二十六条第四款的规定，以说明书为依据，清楚、简要地限定要求专利保护的范围；独立权利要求是否表述了一个解决技术问题的完整的技术方案。在进行上述审查的过程中，还应当审查权利要求书是否存在缺乏单一性的缺陷；申请的修改是否符合《专利法》第三十三条及《专利法实施细则》第五十一条的规定；分案申请是否符合《专利法实施细则》第四十三条第一款的规定；对于依赖遗传资源完成的发明创造，还需审查申请文件是否符合《专利法》第二十六条第五款的规定。[1]

---

[1] 国家知识产权局制定《专利审查指南2010（2019年修订）》，知识产权出版社，2010，第229—232页。

如果审查员有理由认为申请所涉及的发明是在中国完成，且向外国申请专利之前未报经专利局进行保密审查，应当审查申请是否符合《专利法》第二十条的规定。

申请不存在《专利法实施细则》第五十三条所列情形，或者虽然存在《专利法实施细则》第五十三条所列情形的实质性缺陷但经修改后仍有授权前景的，为节约程序，审查员应当一并审查其是否符合《专利法》及《专利法实施细则》的其他所有规定。

审查员在检索之后已经确切地理解了请求保护的主题及其对现有技术做出的贡献后，其主要工作是根据检索结果对上述审查重点做出肯定或者否定的判断。

基于上述程序性规定可知，专利实质审查过程中审查的法条着重在于《专利法实施细则》第五十三条所列的情形，并且在审查过程中要遵守如下三条原则：（1）请求原则；（2）听证原则；（3）程序节约原则。而对于其他法条，虽然亦在专利实质审查部分提及，却并非硬性规定，这些法条并不能对申请人或相关人员产生任何硬性的约束。基于《专利审查指南》对审查程序的规定，我们可以知道审查时法条的运用是有先后之分的。如实用性法条的审查应当在公开充分法条的审查之前，公开充分法条的审查应当在创造性法条审查之前等。

从专利实质审查操作层面而言，可以分为检索后的审查与不必检索的审查。对于不必检索的情况，《专利审查指南》作出了如下规定：

一件申请的全部主题属于下列情形之一的，审查员对该申请不必进行检索：

（1）属于《专利法》第五条或者第二十五条规定的不授予专利权的情形；

（2）不符合《专利法》第二条第二款的规定；

（3）不具备实用性；

（4）说明书和权利要求书未对该申请的主题作出清楚、完整的说明，以致所属技术领域的技术人员不能实现。[1]

其中规定了4种不必检索的情形，但在通常情况下，属于上述情况时审查员免不了要进行必要的说理，以使申请人接受审查员的观点。而在说理时，为了使一些命题、观点具有较强的说服力，需要得到必要的证据支持，此时必然要涉及检索以获得相应的证据。

---

[1] 国家知识产权局制定《专利审查指南2010（2019年修订）》，知识产权出版社，2010，第218页。

在具体专利申请案件审查时，当审查程序出现问题时，通常表明对具体案件审查的大前提适用错误。如有些本应先审查实用性法条的案件与本应先审查公开充分法条的案件却直接进行了创造性法条审查。当这些错位发生的时候，在具体法条应用时会出现或明或暗的逻辑断裂点，从而使案件的审查结论站在并不牢固的基点上。

第四节　审查实践

专利实质审查工作是基于《专利法》对专利申请中的技术问题与法律问题进行审查的一项工作。进行专利审查的专利实质审查员通常为理工科专业毕业，并具有较深专业理论知识的专业人员。但刚招录的专利实质审查员通常缺少法律知识背景，为了使其尽快地达到专利实质审查工作的上岗要求，通常要经过数月的《专利法》相关内容的培训。但强大的法律素养并非一朝一夕所能养成，这种素养须在工作后不断地充实、学习方可具备。并且《专利法》《专利审查指南》及具体审查过程中的一些理论、理念亦随着时间的变化而发生着缓慢变化。即使在同一时间段内，对同一法条及理论的阐述、理解、应用在一些细节及边缘地带会因人而异。因此，借鉴先前专利审查实践中的一些实践性问题，并对其进行深入的思考是提升个人法律素养的一条捷径，这种法律素养对专利实质审查员在具体法条的大前提的建构中具有积极的指导意义。下面，笔者从实践层面结合具体的审查理论及操作对影响大前提建构的一些因素进行阐述，以期达到抛砖引玉的效果。

一、创造性思维与审查

人们的思维包括逻辑思维和非逻辑思维两个大的组成部分。非逻辑性思维主要表现为直觉和灵感，其思维过程无法使用逻辑的方法进行分析和认识，它却是创造性思维的源泉。非逻辑性法定了某些发明创造难以从逻辑上证成。逻辑性不是科学，只是一个认知过程。用过去成熟的认知来推理和评判科技创新本身就是很不合适的，有可能成为压制科技创新的一种手法。由于发明创造本身和用于评价发明创造的现有技术从本质上来讲都是一种知识，知识本身的不确定性，从根本上导致了某些发明创造的不确定性。同时，科学理论并不是具有普遍必然性的确定性的知识，其间充满着主观性、相对性和不确定性。[1]

---

[1] 杨德桥:《专利实用性要件研究》，知识产权出版社，2017，第180—181页。

在发明创造性审查时，审查的最核心的内容在于是否具备突出的实质性特点，《专利审查指南》中对突出的实质性特点给出了如下定义："发明有突出的实质性特点，是指对所属技术领域的技术人员来说，发明相对于现有技术是非显而易见的。如果发明是所属技术领域的技术人员在现有技术的基础上仅仅通过合乎逻辑的分析、推理或者有限的试验可以得到的，则该发明是显而易见的，也就不具备突出的实质性特点。"可见，"仅仅通过合乎逻辑的分析、推理或者有限的试验"可以得到的方案是不具备突出的实质性特点。而这种"仅仅通过合乎逻辑的分析、推理或者有限的试验"的根基应当是现有技术，即申请日前的一些技术性的内容。同时，不能"仅仅通过合乎逻辑的分析、推理或者有限的试验"得到的方案，应当是具有突出的实质性特点的，是具备创造性的。依据杨德桥在《专利实用性要件研究》中所述"发明创造是由创造性思维性和人类知识的不确定性所决定的，创造性思维的非逻辑性法定了某些发明创造难以从逻辑上证成"，而在创造性实质审查过程中却需要对其进行一定的证成，方可使审查员确信对应的方案具备创造性。而此种证成在创造性实质审查时，更多的是技术手段与技术效果之间的因与果的关系的论证，即论证采用了某种技术手段实现了某种技术效果。

基于《专利审查指南》的相关规定，在公开充分的判定时，要求申请人在申请文件中进行充分的论证、证实，其手段确实可以产生某一效果，从而在方案上体现出了其相对于现有技术做出了实质性的贡献。这对申请人提出了一个严格的要求，即要求申请人结合现有技术及申请人在申请文件中为现有技术补充的一些证据，足以从逻辑上证成申请人所申请的方案，从而使本领域的技术人员足以确信申请人的方案做出了某种贡献，而使申请足以被授予专利权。但正如杨德桥所言，创造性思维具有非逻辑性法定了某些发明创造难以从逻辑上证成。这就存在了如下的情况：部分申请方案，"结合现有技术及申请人的申请文件，不足以从逻辑上证成申请人所申请的方案"，但其客观上存在相应的技术贡献，并解决了申请人所声称的效果。但当"结合现有技术及申请人的申请文件，不足以从逻辑上证成申请人所申请的方案"时，如何防止对这类案件的误伤？在确定申请人的技术贡献与方案是否可以被授予专利权的问题上，似乎面临着两难境地。

二、创造性审查的逻辑形式

基于突出的实质性特点的定义——"如果发明是所属技术领域的技术人员在现有技术的基础上仅仅通过合乎逻辑的分析、推理或者有限的试验得到的，则该发明是显而易见的，也就不具备突出的实质性特点",创造性评述时所给出的"三步法"判断方法只是限定了具体的"合乎逻辑的分析、推理或者有限的试验"的一种应用方式。这种合乎逻辑只是归纳法与演绎法的部分逻辑手段在具体化的领域进行领域化后的运用。"三步法"并不能代表逻辑学中的所有的"合乎逻辑的分析、推理",并且各个逻辑手段均有其局限性。基于逻辑学而具体化的"三步法",天然受制于具体逻辑手段的局限性。某些案件并不需要结合"三步法"只是基于逻辑手段中的归纳法,即可以提供很强的逻辑说服力,此时相应的逻辑手段的应用相对于"三步法"具有更强的说服力。

如对案件"一种蜜橘复合饮料及制备方法"[1]（后简称为"本申请"）的审查。本申请的权利要求1、2分别为：

权利要求1：一种蜜橘复合饮料，其特征是：以蜜橘水提取液、百香果水提取液和桑葚水提取液为原料调配而成，各组分的重量配比为：蜜橘水提取液∶百香果水提取液∶桑葚水提取液∶蜂蜜 = 8—10∶4—5∶2—3∶2—3。

权利要求2：一种蜜橘复合饮料的制备方法，其特征包括如下步骤：

---

[1]　为昭平县科学技术指导站于2016年12月09日提交的发明专利申请，申请号为CN2016111317283，公开号为CN 106721715 A。

A. 制备蜜橘水提取液：按原料重量配比称料，将蜜橘剥皮，只留下果肉清洗干净，放入不锈钢容器中，加入清水煮沸后，小火提取 50—60 分钟，过滤去渣，得蜜橘水提取液，备用；

B. 制备百香果水提取液：按原料重量配比称取成熟的百香果，洗净去皮，进行籽肉分离，并打碎成粒状，加入清水搅拌后在不锈钢容器中煮沸 20—30 分钟，过滤，去渣，得百香果水提取液，备用；

C. 制备桑葚水提取液：按原料重量配比称取桑葚，洗净，切成粒状，加入清水在不锈钢容器中煮沸 25—30 分钟，过滤，去渣，得桑葚水提取液，备用；

D. 将步骤 A 所得的蜜橘水提取液和步骤 B 所得的百香果提取液及步骤 C 所得的桑葚水提取液，再加入蜂蜜按 8—10：4—5：2—3：2—3 的重量配比调配，混合均匀；

E. 分装、灭菌后制成产品。

本申请无任何实验数据，说明书中只是记载了各物料的保健功效，同时本领域技术人员知晓百香果、桑葚均为小产量水果，且百香果、桑葚的生产具有地域性要求，原料的产量及地域特色决定将蜜橘、百香果、桑葚三种水果进行复配通常会受到一定的制约，可初步预期将三者复配制备饮料的案件不会太多。

经检索发现 CN104126829、CN104187915、CN105475582、CN104187992[1]（依次称为文献 1、文献 2、文献 3、文献 4）等多篇文献与本申请的撰写高度相似。但上述文件均未公开蜜橘、百香果、桑葚复配，甚至两两复配制备饮料亦未公开。但上述四份文献中的方案均为用 3 种常见的可以制备饮料的低产量有地域特色的水果，外加调整口感的甜味剂制成。并且，其制备方法均为将需要提取营养成分的植物原料制备成提取液，之后加入甜味剂调配、混合均匀，分装、灭菌后制成产品。基于本申请与上述四份文献的记载可知，本申请的申请人所做出的劳动，只是基于文献 1—4 各自公开方案的框架而选择了一些水果及甜味剂，套用其相应的框架构造出另外一种复合饮料。因此，本申请只是在上述四份文献的框架下拼凑出了一种新的技术方案。在创造性评述时，可以借鉴组合物料的简单叠加的评述思路，直接罗列出上述四份文献，随后指出申请人做出的劳动只是在文献 1—4 公开的前提下，基于类似框架而将其水果进行替换，并调整了部分制备细节而得到本申请的方案，并指出这种替换调整是显而易见的。

---

[1] 所述专利文献分别为苏伟、谢桂斌、李丹提出的在先专利申请，其专利申请的名称分别为一种冬瓜复合饮料及其制备方法、一种芒果复合饮料及其制备方法、一种玫瑰茄复合饮料及其制备方法、一种柚子复合饮料及其制备方法。

当本申请与文献1—4的任一单篇对比时，因为现有技术与本申请的方案的相似性未得以充分展示，单纯的说理结合启示说服力不强，并不能直接呈现获得本申请的方案所需要付出的劳动。但当同时与上述四篇文献相对比时，可很容易地发现本申请只是将原料进行了替换，并对部分操作进行了适应性的拼凑调整。因此本申请明显属于要素替代的发明，且其并不存在经过验证、证实了的预料不到的技术效果，因此其不具备创造性。

在创造性审查过程中，《审查意见通知书》的作用在于发表审查员的观点并与申请人进行沟通，这样的文本的文体属于论述性，需要有理、有据地说服申请人接受审查员的观点。虽然《专利审查指南》为相应的论述性且有说服力的通知书的撰写提供了一定的逻辑框架，但这样的框架并不是万能的。部分比较特殊的案件，基于不同的申请及现有技术而在逻辑学中选择其他更为恰当的逻辑手段，有时更具说服力。

其中一个典型的案例出现在国家知识产权局专利复审委员会编著的《化学领域专利难点热点问题研究》：

本案涉及创造性审查基准之争，体现了不同审级之间有关"预料不到的技术效果"与创造性关系的不同观点。专利复审委员会认为，在创造性的审查过程中，主要是判断要求保护的技术方案相对于现有技术是否显而易见。一审法院认为，发明具备创造性的重要考虑因素在于其是否具有预料不到的技术效果，而其预料不到的技术效果也是确认其"实际要解决的技术问题"的关键所在。而二审法院认为，在涉及化学混合物或组合物的创造性判断中，当本领域技术人员难以预测技术方案中组分及其含量的变化所带来的效果时，不能机械地适用"三步法"，应当将是否取得预料不到的技术效果作为判断技术方案是否具备创造性的方法。[1]

可见，从专利复审委员会到法院亦认同"三步法"并不是万能的，具体案件需要结合具体的逻辑体系进行分析、思考。"三步法"对一般的专利案件的创造性审查具有通用性，如果面临部分特殊案件时仍机械地套用"三步法"，不但会降低《审查意见通知书》的说服力，而且有可能使案件的审查结论走向错误的方向。面对这些特殊案件时，审查员应当跳出"三步法"的思维逻辑，重新考量是否还有其他逻辑手段、思维模式可以使待审案件通过"合乎逻辑的分析、推理或者有限的试验"而获得待审案件的技术方案，并保持《审查意见通知书》的较强说服力。

---

[1]　国家知识产权局专利复审委员会编著《化学领域专利难点热点问题研究》，知识产权出版社，2018，第80—81页。

三、法条的选择

在《中华人民共和国刑法》中存在一个术语——法条竞合，是指一个犯罪行为同时触犯数个具有包容关系的具体犯罪条文，依法只适用其中一个法条定罪量刑的情况。不单在刑法中存在具有包容关系的法条条文，在《专利法》中亦存在部分具有包容或交叉关系的条文。这主要体现在实用性法条、公开充分法条及创造性法条上，且亦有相应的研究或期刊将术语"法条竞合"借用到《专利法》中进行相应的学术研究。其中，实用性法条与公开充分法条的交叉点在于技术方案是否能够实施，公开充分法条与创造性法条的交叉点体现在技术方案的技术效果层面上。

公开不充分法条及创造性法条的审查均涉及技术效果的考量与认定。公开不充分法条的设置，更多的是对申请人的一种约束。要求申请人在申请文件中明确地记载足以被授予专利权的技术贡献，并且这种技术贡献体现在技术效果时应当是基于现有技术且申请文件中的记载是足以确信的。在创造性审查过程中，在确定权利要求相对于最接近的现有技术要解决的实际的技术问题时，是基于区别特征在请求保护的方案中能实现的技术效果而进行确定的。当这些区别特征体现的技术手段属于申请人认为的发明点时，表明申请人主张该技术手段相对于现有技术带来了某种足以使申请被授予专利权的贡献。对这样的技术手段体现的技术效果，只有申请人于申请文件中实现了充分公开，审查员才能有效地在随后的创造性审查中判定申请人的贡献主张是否成立。

当申请人于申请文件中只记载了整体方案的技术效果，而并未基于现有技术潜在的技术方案提出申请文件的技术方案基于何种具体的技术手段而实现了对应的技术效果时。经过检索且与现有技术对比后发现，申请文件的方案与对比文件公开的方案具有较多的区别技术特征。这些区别技术特征体现的技术手段能实现的效果，有可能是申请人相对于现有技术做出的突出的实质性的贡献，亦有可能只是现有技术对应手段简单叠加带来的效果。当这种效果与手段的归因难以确定时，则面临着是选择使用公开不充分法条还是使用创造性法条的难题。

就上述公开充分时的效果考量及创造性审查时的效果考量，基于对专利申请的不同动机认知，会对申请人在申请文件中的效果记载程度有不同的要求。如对于支持披露动机理论者（"incentive to disclose" theory）与支持发明动机理论者（"incentive to invent" theory），前者更侧重于案件的披露情况，更偏向于申请人于申请文件中对案件的充分披露，而后者更偏重于发明动机性问题，对技术手段与效果之间的关系具有更强的要求。而对于相应的观点，Katherine J. Strandburg 等在著作 *What Does the Public Get? Experimental Use and the Patent Bargain* 中进行了充分的论述。[1]

就创造性法条而言，技术手段体现出的足以使申请的方案被授予专利权的贡献，更多的是从创造性审查时运用"三步法"的角度而言的，但其前提是需要存在确信的技术手段与技术效果之间的关系。但公开是否充分则通常并未要求申请人于申请文件中必须明确申请人认为的足以使申请方案具备创造性的技术贡献的技术手段与技术效果之间的必然关系。这种断层使个别案例面临着是选择使用公开不充分法条还是创造性法条的问题。此时，创造性法条与公开不充分法条产生了竞合关系，这种竞合关系的根源在于技术效果的确定。

正是基于上述种种理由，《中华人民共和国最高人民法院行政判决书（2019）最高法知行终 127 号》国家知识产权局诉伊拉兹马斯案，被诉人伊拉兹马斯在应诉中提到"被诉决定没有涉及本申请说明书是否公开充分的问题。国家知识产权局关于本申请说明书缺少所述技术效果的数据导致效果无法预期的理由超出被诉决定认定范围，不应予以考虑。创造

---

[1] Katherine J. Strandburg, *What Does the Public Get? Experimental Use and the Patent Bargain*, DePaul University College of Law, 2004，pp 23—25.

性判断与说明书公开充分属于不同的法律问题，不应混淆。被诉决定的理由是本申请不具有创造性，故应当推定发明符合公开充分的要求"。国家知识产权局在审查过程中，虽认为其效果不能确定，但没有依审序而指出申请文件充分不充分，只是认为其效果不能确定，从而直接认定申请人并未解决其声称的技术问题，对发明相对于对比文件实际解决的技术问题进行了形式化的处理，进行了创造性评述。同样，上述处理逻辑，亦体现在大量的当期专利审查过程中，在最高院的裁判要旨中指出：

"创造性判断与说明书充分公开、权利要求应该得到说明书支持等法定要求在《专利法》上具有不同的功能，遵循不同的逻辑"。"在专利实质审查程序中，既要重视对新颖性、创造性等实质授权条件的审查，又要重视说明书充分公开、权利要求应该得到说明书支持、修改超范围等授权条件的适用，使各种授权条件各司其职、各得其所，而不宜只关注新颖性、创造性等实质授权条件。"[1]

将部分公开不充分的问题通过创造性进行处理，亦体现了在应用相应法条时，对法条涉及的一些内涵外延的边界没

---

[1] 高雪：《专利创造性与说明书充分公开的界限》，《人民司法》2020年第16期，第41—44页。

有进行恰如其分的梳理。如长期在专利审查领域工作的工作者孙平等人[1]提出了公开充分、实用性、创造性的适用性观点，并给出了三者的关系，如图3-1：

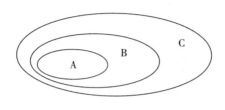

图3-1

（A：公开不充分；B: 不具有实用性；C: 不具备创造性）

另一作者徐趁肖等[2]提出了如下观点：技术事实的不确定性以及案件整体走向的不可控性，导致了法条适用上的障碍。《专利法》第二十条第四款（实用性法条）规定的"能够制造或者使用"是指技术方案具有在产业中被制造或使用的可能性，不能与自然规律相违背，且具有可再现性。不能制造或使用是技术方案本身固有的缺陷所致，与说明书公开的程度无关。《专利法》第二十六条第三款（公开充分法条）规

［1］ 孙平、马励：《从一个案例看公开充分、实用性和创造性的适用》,《中国发明与专利》2013年第3期，第78—82页。
［2］ 徐趁肖、邓学欣、熊茜、唐晓君：《关于实用性和公开不充分的法条适用探讨》,《中国发明与专利》2012年第11期，第98—100页。

定的"能够实现"是指技术方案的公开必须要达到"清楚、完整的说明"使所属技术领域的技术人员能够再现，这也是专利权与发明公开互为代价的意义，即实用性关注发明在产业上实施的可能性，意在鼓励创造性工作，从而推动社会和科技的进步，而公开充分要求的是本领域技术人员能够实现，是基于技术方案本身的清楚和完整程度而言的。一般而言，不具有实用性的发明由于其不能实施当然也不能实现，所以必然公开不充分。对审查员而言，遇到可以用实用性法条立刻排除的案子，不需要再从技术上考虑其公开是否充分的问题，这种思考模式能够大大提高审查效率。

　　基于《专利审查指南》第二部分第八章中的 4.7 全面审查的规定，审查顺序应当是先实用性，后公开不充分，然后才是新颖性与创造性。而孙平的观点，结合《专利审查指南》的审查顺序规定，应当优先审查实用性，即图中的 B，而 A 归属于 B，从而审查 B 后实质上亦审查了 A，从而实质上将公开不充分（图 3-1A 所示范围）的法条的运用架空了。徐趁肖虽然提出了"一般而言，不具有实用性的发明由于其不能实施当然也不能实现，所以必然公开不充分"，但其并未如孙平一样区分出实用性与公开充分法条之间的关系，提出了"对审查员而言，遇到可以用实用性法条立刻排除的案子，不需要再从技术上考虑其公开是否充分的问题，这种思考模式能够大大提高审查效率"。上述观点均体现了部分法条应用时涉及的内涵外延的边界仍需要具有统一的认识。

四、实质与形式

在创造性审查过程中，"三步法"只是提供了审查时的逻辑框架。当区别技术特征越少、区别技术特征体现的技术手段相对于现有技术做出的技术贡献越具体时，"三步法"的利用效率越高，得到的结论越可靠。当申请人越大量堆积权利要求的技术特征时，其技术方案与最接近的现有技术的方案的直观区别技术特征越多，其在形式上似乎越具有非显而易见性，但上述行为通常并不能因此而提升案件的授权概率。"三步法"的基本逻辑框架在于确定区别技术特征后，判定这些区别技术特征是否足以为一件申请的方案相对于最接近的现有技术带来创造性。而此时，需要考量的是这些区别技术特征体现的技术手段能解决的技术问题、实现的技术效果。当存在大量的区别技术特征时，对那些区别技术特征体现的技术手段能解决何种技术问题、产生何种技术效果，申请人若在申请文件中并未记载，也不存在相关的技术效果的验证时，这些区别特征要么属于现有技术，要么属于可能的潜在的公开不充分的点。足以使一件申请的权利要求具备创造性的特征一定是那些体现出技术手段的区别特征，且其能解决的技术问题、实现的技术效果是基于现有技术不能经过合乎逻辑的分析、推理而得到。要求申请人、代理人等对一件申请是否具备创造性的本质性的内容具有充足的理解与认识，否则，必然会产生一些似是而非的观点。如认为区别技术特征越多，非显而易见性越高，创造性审查时结合的对比文件越多，表明其越具有非显而易见性等。

　　基于上述分析可知，实质审查不只是指审查时对法条的形式上的审查，更是指具体审查过程中对具体法条体现的实质性的观点与内容的审查。当未抓住实质性问题及观点时，在实质审查过程中经常会发现审查员在与申请人或代理人沟通时，沟通的到底是具体的标准问题还是具体的技术性问题含糊不清。

　　如对单纯的组合物的权利要求在创造性审查时，通常具有如下判定标准：对于组合物发明而言，其发明在于将两种或两种以上已知的物质有机地组合在一起，从而获得新的特定性能和用途。如果几种组分组合起来各自实现原有功能，总体效果只是单独效果的叠加，则该发明不具备创造性。对于由已知组分组成的组合物，如果其发明点在于对组分及其含量配比的选择，由于构成技术方案的组分均为已知的，故其创造性取决于所述组分和／或含量配比的选择是否能够解决现有技术存在的问题，并取得意想不到的技术效果。

依据上述标准，在能解决技术问题的前提下，是否产生获得新的特定性能和用途而超出了简单叠加的效果是组合物是否具备创造性的充分必要条件。对创造性的审查，落脚点在于物料组合是否存在可以被审查员采信的新的特定性能和用途。而这样的性能或用途，特别是在化学领域通常是需要进行验证、证实的。当申请人于申请文件中并无任何关于获得新的特定性能和用途的验证、证实，审查员可以直接认定所述的组合物只是属于物料的简单叠加。

第四章　小前提的建构

　　建构大前提后，为了得到某一结论通常还需要建构小前提。小前提的建构是受大前提的制约及结论的指引的。在创造性审查过程中，从审查员的检索到审查意见通知书的撰写，均受大前提的制约与指引。在判定一份申请是否具备创造性时，其大前提为"所有相对于现有技术具有显而易见或不具备显著的进步的方案都是不具备创造性的"。在具体审查过程中，确定最接近的现有技术时，确定的是与请求保护的方案构思最为接近的一个方案，其本质上是受到是否"显而易见"的判定的基本思路的影响的。同样，在不具备创造性结论的指引下，在客观地确定实际解决的技术问题后，需要确定区别特征体现的技术手段在现有技术中是否存在，现有技术是否有教导该手段可以解决确定的实际解决的技术问题。可见，大前提对小前提的确定起到了一定的制约作用，而结论为小前提的建构提供了一定的引导作用。在具体小前提的建构过

115

程中，受到种种因素的影响，对这些影响因素的深入理解可以为灵活地建构小前提提供思想保障，从而为最终审查意见通知书撰写时的整体逻辑提供强有力的支持。

第一节　小前提建构的目的

"徒法不足以自行"，抽象的法律规范在恰当的解读、诠释后构成了大前提。对于个体化的案件而言，大前提通常并不能直接提供显而易见的结论。通常只有通过建构适当的小前提，结合具体大前提方可使具体法条在案件中发挥生命力。在创造性审查中小前提建构具有如下的作用与目的：

1. 作为过渡大前提与结论的桥梁；

2. 反馈、诠释大前提的解读，建构得是否合适；

3. 梳理申请人、代理人、审查员的责任与义务；

4. 理清案件事实，对案件事实做出相对充分、合理、科学的解读；

5. 为结论的显现提供具有信服力的支撑。

小前提是沟通大前提与结论之间的桥梁，在专利实质审查过程中，实质审查员着重担任着桥梁建造师的职责，其所建造的桥梁的水平对具体案件的审查结论的客观、准确程度具有至关重要的影响。无合适的前提，无恰当的审查结论，就无法给抽象的法条以生命力。

小前提的建构受大前提的约束，建构小前提的目的是判定、推论具体的案件是否属于某个具体法条形成的大前提的涵摄范畴。在建构小前提时，小前提的一些确信的事实、观点亦会反馈、诠释大前提的建构是否合理，是否符合具体应用过程中的需求。

建构小前提时需要各种各样的材料，这些材料有些是需要申请人提供的，有些是需要审查员提供的。提供的材料的种类与形式直接或间接地受到具体法条应用时的影响。材料需要提供到什么程度，涉及对法律、规定的诠释解读。正是对这些法律、规定的诠释解读，在建构小前提的过程中需要申请人、代理人及审查员厘清各自的责任与义务。

建构小前提，同时也是对具体案件事实与具体法条的关联性的诠释。在建构小前提的过程中，会一步一步地增强申请人及审查员对具体案件的理解，使相应的案件在现有技术的大背景下结合具体的法律要求而得到一定的解读。从这个意义上而言，建构小前提亦有助于对具体案件事实的充分、合理、科学的解读。

建构小前提并非无目的的，而是为了得到具体的结论，即具体的案件是否符合《专利法》中法条的要求，是否满足授权条件。当小前提建构得合理、恰当时，其对申请人的说服力强，反之则弱。

第二节　小前提建构的基础

一、审查材料

巧妇难为无米之炊。在进行专利实质审查时，首先，应当有具体的待审材料，这些材料通常体现为申请文件、请求书等申请人提交的文件。其次，专利实质审查员为了开展相应的审查工作，需要收集一些证据材料，以支持其发表的关于待审材料的一些审查观点。

关于申请人提交的材料，虽然《专利审查指南》对申请人提供的申请材料的撰写提出了一些具体的要求，但不同申请人提供的材料的有效性是不同的。申请人提供的材料内容不同，用于建构具体小前提的材料就不同，从而直接影响着实质审查中小前提的建构。

对专利申请文件的实质审查，离不开申请人的一些主张。申请人依据《专利法》在专利申请中主张其权利，而权利通常与义务相伴而行。对于专利申请人而言，最主要的义务便是对社会公众充分公开其技术方案，以换取国家给予的一定年限的垄断权。《专利法》第二十六条第三款[1]和《专利法实施细则》第十七条[2]分别对说明书所须撰写的实质性内容和

---

[1]《中华人民共和国专利法》第二十六条第三款的规定为：说明书应当对发明或者实用新型作出清楚、完整的说明，以所属技术领域的技术人员能够实现为准；必要的时候，应当有附图。摘要应当简要说明发明或者实用新型的技术要点。

[2]《中华人民共和国专利法实施细则》第十七条的规定为：发明或者实用新型专利申请的说明书应当写明发明或者实用新型的名称，该名称应当与请求书中的名称一致。说明书应当包括下列内容：（一）技术领域：写明要求保护的技术方案所属的技术领域；（二）背景技术：写明对发明或者实用新型的理解、检索、审查有用的背景技术；有可能的，并引证反映这些背景技术的文件；（三）发明内容：写明发明或者实用新型所要解决的技术问题以及解决其技术问题采用的技术方案，并对照现有技术写明发明或者实用新型的有益效果；（四）附图说明：说明书有附图的，对各幅附图作简略说明；（五）具体实施方式：详细写明申请人认为实现发明或者实用新型的优选方式；必要时，举例说明；有附图的，对照附图。发明或者实用新型专利申请人应当按照前款规定的方式和顺序撰写说明书，并在说明书每一部分前面写明标题，除非其发明或者实用新型的性质用其他方式或者顺序撰写能节约说明书的篇幅并使他人能够准确理解其发明或者实用新型。发明或者实用新型说明书应当用词规范、语句清楚，并不得使用"如权利要求……所述的……"一类的引用语，也不得使用商业性宣传用语。发明专利申请包含一个或者多个核苷酸或者氨基酸序列的，说明书应当包括符合国务院专利行政部门规定的序列表。申请人应当将该序列表作为说明书的一个单独部分提交，并按照国务院专利行政部门的规定提交该序列表的计算机可读形式的副本。实用新型专利申请说明书应当有表示要求保护的产品的形状、构造或者其结合的附图。

形式作出了规定;《专利法》第二十六条第四款[1]和《专利法实施细则》第十九条至第二十二条[2]对权利要求的内容及其

---

[1]《中华人民共和国专利法》第二十六条第四款的规定为：权利要求书应当以说明书为依据，清楚、简要地限定要求专利保护的范围。

[2]《中华人民共和国专利法实施细则》第十九条至第二十二条的规定为：第十九条 权利要求书应当记载发明或者实用新型的技术特征。权利要求书有几项权利要求的，应当用阿拉伯数字顺序编号。权利要求书中使用的科技术语应当与说明书中使用的科技术语一致，可以有化学式或者数学式，但是不得有插图。除绝对必要的外，不得使用"如说明书……部分所述"或者"如图……所示"的用语。权利要求中的技术特征可以引用说明书附图中相应的标记，该标记应当放在相应的技术特征后并置于括号内，便于理解权利要求。附图标记不得解释为对权利要求的限制。第二十条 权利要求书应当有独立权利要求，也可以有从属权利要求。独立权利要求应当从整体上反映发明或者实用新型的技术方案，记载解决技术问题的必要技术特征。从属权利要求应当用附加的技术特征，对引用的权利要求作进一步限定。第二十一条 发明或者实用新型的独立权利要求应当包括前序部分和特征部分，按照下列规定撰写：（一）前序部分：写明要求保护的发明或者实用新型技术方案的主题名称和发明或者实用新型主题与最接近的现有技术共有的必要技术特征；（二）特征部分：使用"其特征是……"或者类似的用语，写明发明或者实用新型区别于最接近的现有技术的技术特征。这些特征和前序部分写明的特征合在一起，限定发明或者实用新型要求保护的范围。发明或者实用新型的性质不适于用前款方式表达的，独立权利要求可以用其他方式撰写。一项发明或者实用新型应当只有一个独立权利要求，并写在同一发明或者实用新型的从属权利要求之前。第二十二条 发明或者实用新型的从属权利要求应当包括引用部分和限定部分，按照下列规定撰写：（一）引用部分：写明引用的权利要求的编号及其主题名称；（二）限定部分：写明发明或者实用新型附加的技术特征。从属权利要求只能引用在前的权利要求。引用两项以上权利要求的多项从属权利要求，只能以择一方式引用在前的权利要求，并不得作为另一项多项从属权利要求的基础。

撰写作了规定。其中，《专利法》第二十六条第三款属于驳回条款，又称为"公开充分条款"。公开充分本质上是对申请文件的说明书撰写程度的最低要求。当申请文件的说明书记载的内容达到了上述要求，但又缺少了一些其他理解发明、审查发明的必要内容时，不免会对申请的专利最终是否能被授予专利权的判断产生或大或小的影响。在专利实质审查中，我们可以称之为技术盲点。[1]

通常，技术盲点实际上也可以分为两类。第一类是基于申请文件与现有技术可以消除的盲点；第二类是基于申请文件与现有技术无法消除的盲点。技术盲点，由盲而明，需要涉及证明责任的规范。证明责任规范（Beweislastnormen）的本质和价值就在于，在重要的事实主张（Tatsachenbehauptung）的真实性不能被确认的情况下，指引法官作出何种内容的裁判。也就是说，谁对不能予以确认的事实主张承担证明责任，谁将承受对其不利的裁判。[2] 在专利实质审查过程中，这些盲点的证明责任在我国的《专利审查指南》中并没有明确的规定。专利申请人在专利申请过程中，通常更倾向于以尽可能少的公开换取尽可能大的保护范围。这种行为，常常会使

---

[1]　石必胜：《专利创造性判断研究》，知识产权出版社，2012，第100页。

[2]　莱奥·罗森贝克：《证明责任》，庄敬华译，中国法制出版社，2018，第6—7页。

申请文件产生一些技术盲点而影响实质审查过程中小前提的建构。

《专利法实施细则》第十七条第一款第（三）项规定："发明内容：写明发明或者实用新型所要解决的技术问题以及解决其技术问题采用的技术方案，并对照现有技术写明发明或者实用新型的有益效果。"《专利审查指南》对上述规定进一步进行了如下解释："（2）技术方案：一件发明或者实用新型专利申请的核心是其在说明书中记载的技术方案。"但《专利法实施细则》第十七条第一款第（三）项所说的写明发明或者实用新型解决其技术问题采用的技术方案是指清楚、完整地描述发明或者实用新型解决其技术问题采取的技术方案的技术特征。上述规定要求，申请人应当在申请文件中清楚地指出解决其技术问题采用的关键技术特征，从而使审查员在实质审查过程中明确地理解、确认申请人认为其申请的专利相对于现有技术做出的实质性贡献点。法律实施细则是对法的细化，上述《专利法实施细则》第十七条的相关规定在一定程度上是对《专利法》第二十六条的进一步说明。

在专利实质审查过程中，涉及申请人提交材料的程度的最典型的法条是公开充分法，而这更多的是对人的申请行为与撰写的一种约束。尹新天在《中国专利法详解》中关于公开充分的论述为："所谓'完整'，是指说明书应当包括《专利法》和《专利法实施细则》所要求的各项内容，不能缺少为理解和实施发明或者实用新型所需的任何技术内容。一份完整的说明书应当包括理解发明和实用新型所需的内容，确定发明或者实用新型具备新颖性、创造性和实用性所需的内容，以及实施发明或者实用新型所需的内容。凡是与理解和实施发明或者实用新型有关，且所属领域的技术人员不能从现有技术中直接得到的内容，均应当在说明书中作出清楚、明确的描述。所谓'能够实现'，是指所属领域的技术人员按照说明书记载的内容，无须再付出创造性劳动，就能够实施该发明或者实用新型的技术方案，解决其要解决的技术问题，产生其预期的有益效果。"[1]

依据尹新天对充分公开的解释，专利公开充分必须含有"理解发明和实用新型所需的内容，确定发明或者实用新型具备新颖性、创造性和实用性所需的内容，以及实施发明或者实用新型所需的内容"，而很多时候申请人提交的申请文件并未达到上述要求。专利充分公开法条的设置，是因申请人在申请日提交的申请材料不符合要求，而规定的举证的倒置，其目的仍是要求申请人提供相应的材料、理由表明其方案是充分公开的。专利充分公开的判断不仅是一项法律判断，

---

[1]　尹新天：《中国专利法详解（缩编版）》，知识产权出版社，2012，第263—264页。

更是一项技术判断。诚如一位美国法官所言："专利诉讼具有与众不同的性质。它更复杂，更耗时，也更烧脑。这是因为，从一般情形来看，系争专利均是某些科学或技术领域最成功的进步所在，所以法官只有掌握了作为争议的事实基础之背景技术，才有可能正确处理其法律问题。这也是很多法官不愿意听审专利案件的原因所在。关于不同性质的技术领域、不同复杂程度的技术，专利申请是否得到充分公开，判断规则并不完全相同。因此，专利充分公开的判断在技术发展的不同历史阶段和不同技术领域，呈现出不同的面貌，需要专利行政机关和司法机关应时势对专利充分公开规则不断加以演绎和更新。"[1] 由此可见，专利充分公开的判断不仅是一项法律判断，更是一项技术判断，而这种技术判断需要一定的技术材料的支撑，这样的技术材料的提供需要申请人的配合。

在实际操作过程中，对于公开充分而言，有些技术方案，并没有"清楚、完整的说明"，但是依据申请人的文件记载，本领域技术人员是能够实现相应的方案的。如有些专利申请人记载了复杂的技术方案，并且其中众多常规因素均可影响方案的技术效果，但申请人并未点明其关键技术手段，只是

[1] 杨德桥：《专利充分公开制度的逻辑与实践》，知识产权出版社，2019，第122页。

简单地给出了相应的效果。这样的方案并不存在实施的难度，其难度在于明确地确定相对于现有技术的贡献点。更有甚者，有些专利申请的技术方案是否可以真实地存在本身即是难以确定的。正如 D.Q. 麦克伦尼说的："真相有两种基本形态：一为本体真相，一为逻辑真相。其中，本体真相更为基础。所谓本体真相，指的是关乎存在的真相。某个事物被认定是本体真相，如果它确实是，则必然存在于某处。决定命题真假的依据是现实情况，而逻辑真相是建立在本体真相的基础之上的。"[1]在专利实质审查过程中，申请文件和对比文件均有可能不具备本体真相。如申请文件是基于申请人的主观想象而构造的方案，对比文件为虚假的记载，不符合现实。在这种情况下，需要专利实质审查员具有一定的技术鉴伪能力，如此方可使案件的审查结论走向正确。

站在专利实质审查员的角度，在绝大多数时候，单靠申请人提交的材料并不足以使审查员在具体实质审查过程中建构合适的小前提。因此在实质审查过程中需要审查员对现有技术进行检索，以获得建构小前提需要的材料。如在食品领域，当涉及《专利法》第五条规定的"妨害公共利益的方案

---

[1] D.Q.麦克伦尼：《简单的逻辑学》，赵明燕译：北京联合出版公司，2016，第24页。

不能被授予专利权"的案件时，通常是因为申请人使用了现有技术中未被公众接受的可在食品中使用的物料，并且这些物质会有一定的毒副作用。当审查员针对申请人的技术方案中使用的某种物质发表其会使技术方案的实施妨害公共利益的观点，则需要审查员检索、收集相关物质的使用现状，确定其是否属于传统的可食用原料，其是否具有毒副作用。再比如，在创造性审查时，申请人于说明书中提及了某一区别技术特征体现的技术手段可以实现某一新的技术效果，并且认为申请因此而具备突出的实质性特点。此时，审查员则需要基于创造性评述时的逻辑框架中的前提而进行相应的检索，此时的检索是基于技术手段及技术效果而展开的。

综上所述，《专利法》《专利法实施细则》为申请人及审查员分别规定了审查材料时的义务。这种义务的规定，目的是正常地开展专利实质审查工作，推动《专利法》从纸面走向现实。为了使审查的案件得以开展，并使审查结论更具有客观性，申请人需要提供合适的申请文件材料，专利实质审查员需要基于申请人提交的材料来检索与案件相关的现有技术。虽然，《专利法》第二十六条第三款属于驳回条件，其对申请人关于文件的撰写提出了强制性的要求，但也只是从方案是否能实施的角度对撰写提出了间接要求。只有在申请人的申请文件在形式与本质上均符合如《专利法实施细则》第十七条等非驳回条款的前提下，在专利实质审查中对其他角度上的问题的审查才能有效地开展进行，否则申请人提交的供审查员进行审查的材料是存在缺陷的。

二、证据及举证

在知识产权技术类案件中，存在技术事实和法律事实两类事实问题。所谓技术事实，是指与法律的价值判断无涉，纯粹以自然规律为依据进行判断的事实问题。比如特定的技术背景、技术术语、技术原理、技术方案等就属于较为明确的技术事实的范畴。技术事实判断是知识产权技术类案件涉及的法律事实、法律问题判断的基础。所谓法律事实，是指以法律的价值判断为基础，与技术判断呈现出一定结合度的事实问题。在知识产权技术类案件中，与纯的技术事实相并行的是法律事实，它们具有技术问题和法律问题相结合的特点，对案件裁判结论的形成常常具有直接的现实意义。例如，对相关技术方案是否属于公知常识，技术特征是否等同，技术改进是否容易想到等，则属于技术与法律相互纠缠难以界分的法律问题。[1]

---

[1]　杨德桥：《专利充分公开制度的逻辑与实践》，知识产权出版社，2019，第223—226页。

在专利实质审查过程中，对于某个具体的问题而言，涉及的是技术事实问题还是法律事实问题，对具体的证据举证的分配是有一定影响的。在建构具体的小前提时需要一定的证据，这样的证据在专利实质审查过程中最常见的便是技术文献，技术文献论述的事实更多的是技术事实的问题。在大前提的建构过程中，大前提如何解读、其边界何在，涉及更多的是法律事实的问题。通常对具体的技术事实和法律事实并不存在过多的异义。但部分特殊类型的专利申请案件，涉及对具体技术事实和法律事实边缘性的一些内容的解读，并且这些解读会影响案件的走向，其相应材料举证责任的分配显得越发重要。

通常在专利实质审查时，法律事实的举证多分配给审查员，技术事实的举证多分配给申请人。对技术事实的举证，当相应的证据很容易收集时，申请人或审查员通常并不需要付出过多的劳动即可完成，此时举证责任分配不清影响不大。但当证据较难收集时，而对应的证据对建构具体的小前提具有至关重要的影响时，则不同的证据举证责任分配可能对一件专利申请是授权还是驳回具有决定性的影响，此时需要厘清申请人与审查员的责任。本部分通过对实质审查过程中的举证分配进行论述，为小前提的顺利建构提供一定的支持。

（一）证明责任

关于证明责任，杨德桥先生基于专利实质审查结合具体的法条进行了一定的分析。为更好地论述实质审查中的举证责任，现将杨德桥先生的相关论述转述如下：

证明责任有抽象证明责任与具体证明责任。抽象证明责任是指对证明责任的预先分配，与具体的案件事实和诉讼活动无关，表现为一种抽象的法律规则。抽象证明责任又分为行为证明责任和结果证明责任。行为证明责任是从"提供证据"或者"行为意义"的立场来认知和规定证明责任内涵，是指提出"有利于己方的实体要件事实"（以下简称"利己事实"）的当事人对该事实有责任提供充足证据加以证明。结果证明责任是指，在"利己要件事实不被法官采信"时，负有行为证明责任的一方需要承担不利的法律后果。结果意义上的举证责任分担的实质意义在于，确定什么事实处于真伪不明时，谁应当承担相应不利后果。具体证明责任是指，在具体诉讼活动中，法官对于案件中的待证事实已经获得一定的事实信息并且形成了暂时的心证，确定此时应当由哪一方当事人提供证据加以证明。具体证明责任是推动案件事实发现活动的中继推进力，根据案件事实的查明进度而在诉讼过程中不断发生移转，往往呈现出在当事人之间交替轮流承担的现象[1]。

专利实质审查的顺利进行离不开证明责任的合理分配及合理的举证。从专利文献的产生，到专利案件的实质审查，直到案件的审结，其大体分为如下过程：首先，由申请人提交申请文件，而申请人提交的申请文件中的权利要求书、摘要、摘要附图、说明书、说明书附图的撰写或形式要符合《专利审查指南》中的有关规定。说明书与权利要求书是发明实质审查时最主要的两份材料，前者是申请人向社会公众公开的技术核心的详解，后者是申请人想请求获得的权利范围。与权利对应的是义务，为了获得相应的权利，申请人应当于申请文件中明确记载基于何种贡献才可以获取想要的权利。这种贡献通常体现在申请人在申请文件中记载的技术方案为技术发展做出的贡献上。其次，在专利审查过程中，经过了初审审查员对基本的形式进行审查后，需要经过实质审查员基于现有技术来判定申请人主张的智慧贡献是否达到了足以给予专利权的标准。

结合杨德桥关于证明责任的论述，抽象证明责任被分配

---

[1] 杨德桥：《专利充分公开制度的逻辑与实践》，知识产权出版社，2019，第241—246页。

给了申请人。在实质审查过程中，审查员与申请人之间存在的只是具体证明责任，这种具体证明责任是相对于抽象证明责任而言的，当申请人的抽象证明责任未得到充分的证明时，具体证明责任的推进是缺少一定的根基的。如对说明书撰写公开充分的要求，属于申请人应当完成的抽象证明责任。当申请人在申请文件中未对其进行充分的举证、证实，将使新颖性、创造性审查无法开展。从抽象证明责任中的行为证明责任和结果证明责任层面而言，当申请人提交了专利申请文件，从行为证明责任层面而言，申请人完成了证明责任。但从结果证明责任层面而言，申请人未必完成了其举证责任。专利作为一种技术性的文献，除了具有法理属性外还具有极高的技术属性。在实质审查中更多考量的是技术贡献，特别是创造性审查时。当申请人提交了申请文件后，但其说明书并未对其效果进行验证、证实时，审查员经过充分举证后仍难以确信其效果，则涉及审查员需要基于结果证明责任而倒置举证责任，让申请人提供必要的理由与证据。

从论证层面而言，专利申请及实质审查是一系列观点的提出与证实的问题。申请人在申请日，在其申请文件中提出了应当被授予专利权的理由、证据。这样的理由、证据可以是申请人提交的材料，也可以是申请人在具体公开的技术方案中对贡献的验证、证实、阐述，又或是现有技术中的佐证等。但申请人想证实的观点是否成立，则有待实质审查员基于申请文件及现有技术进行审查，这种审查体现了审查员的举证责任。当基于审查员举证的证据及申请人的申请文件并不能确定相应的观点成立，亦不能确定其不成立时，则涉及证明责任转移，这样的转移的前提是审查员进行了合乎职责的举证。基于结果证明责任，申请人有义务针对其申请日提出的一些"未证实"的观点进行充分的陈述或证明。

（二）申请人的责任

专利实质审查活动是源于申请人的申请主张而进行的，申请人的申请主张在法律及技术层面应当符合《专利法》《专利实施细则》及《专利审查指南》规定的一些要件。就技术事实层面而言，申请人应当于申请文件中表明其技术方案相对于现有技术能做出的足以被授予专利权的理由。随后作为审查主体的审查员依据相应的法条、规定对其是否符合有关要求进行判定。

就申请人的责任而言，在实质审查过程中《专利审查指南》第二章整章对申请文件中的说明书及权利要求书的撰写进行了详细规定。当申请文件未满足所述规定而影响了实质审查时，审查员通常会通过一些法条，如不清楚、公开不充分等，让申请人对文件进行修改或提供证据与理由。在公开不充分中，关于能够实现《专利审查指南》规定，所属技术领域的技术人员能够实现，是指所属技术领域的技术人员按照说明书记载的内容，就能够实现该发明或者实用新型的技术方案，解决其技术问题，并且产生预期的技术效果。其中方案的能实施、能够解决其技术问题并产生预期的技术效果，属于对申请人在方案撰写时的形式与实质的要求。能够实现其中所规定的"能解决其技术问题并产生预期的技术效果"，以及创造性审查时确定实际解决的技术问题时，考量的技术手段与技术效果之间的关联，均涉及技术效果。技术效果是在现实审查中确定一件案件能否被授予专利权的最为核心的考量点之一。一件申请被认为具有创造性，其应当存在必要技术特征[1]。结合公开充分及创造性审查时的一些逻辑，申请人应当于申请文件中明确其认为的"必要技术特征"，并验证、证实这些"必要技术特征"结合本领域的普通技术知识在具体的方案中可以解决其技术问题，并能产生预期的技术效果。当申请人在申请文件中未明确其核心技术手段，却大量地叠加现有技术形成复杂的技术方案，只是强调或声称其方案整

---

[1] 必要技术特征出现在《中华人民共和国专利法实施细则》第二十条及第二十一条中。必要技术特征是指，发明或者实用新型为解决其技术问题所不可缺少的技术特征，其总和足以构成发明或者实用新型的技术方案，使之区别于背景技术中所述的其他技术方案。

体相对于现有技术具有种种优点并且是公开充分的，同时声称其贡献达到了创造性的高度，但这并不能表明申请人忠实地履行了专利申请时应负的责任。在实质审查过程中，通常会因技术贡献不能有效地确定并被认同，从而使案件走向不利的境地。

就无效审查时申请人的责任而言，在无效审查中，当判断主体认为对某事实存在与否或其存在程度已经形成内心"确信"，即已经被已有材料"说服"，此时表现在程序上自然无须此方当事人进一步堆积"证据材料"，而对方当事人基于其诉求必然需要提出"辅助事实"或"其他事实"，并阐明相关经验法则或技术逻辑，以此去"削弱"判断主体内心已经形成的"确信"使其"不确信"，这样在动态的程序进行中，就体现为"说服义务"转移，外在化为"举证责任"转移。就具体专利案件来说，当裁判者基于说明书已披露内容，无法"确信"某些技术效果的存在，进而认定不符合法律规定之标准；此时，自然无须另一方当事人（如在无效审查中的无效请求人）再去"削弱"，因"确信"还未形成；表现在结论上即为专利权人尚未完成自己的"说服"义务或证明责任，所以请求人无须更多说明，这就被认为举证责任无须转移。总体来看，具体案件在不同审级之间的差异恰恰不在于对法律标准的认识，也不在于对证明责任制度的理解，而在于判断主体对某一事实"内心确信"形成过程中对经验法则的理解与认知不同。亟待澄清的不是证明、举证这样的法律制度，而是在精细化分解基础上对专利领域中事实认定与法律适用的过程中不同环节的性质，以及相关概念的准确运用，并在此基础上寻求恰当的制度路径。从事实认定到"形成确信"这一角度认识，对组合物发明来说，无论从技术层面还是法律层面，用途以及效果都是使其能够满足授权条件的关键因素，而效果存在与否及效果强弱的程度，在性质上又是一个事实认定的过程。这就导致了对于组合物发明而言，判断主体确信效果的存在是被预设给专利权人/专利申请人，经过对其披露资料的分析，其主张之"效果"未被确信，基于事实未能被"认可"，而自然面临事实认定上的不利后果进而得到法律判断上的最终不利后果。在这一点上，判断主体始终是被"说服"的对象；判断主体固然会运用自身的，或来自外部的"特殊经验法则"去分析某一事实是否可以被确认，但是不会改变基本的证明责任分配。[1]

由此可以看出，就某一法律条款而言，其证明责任已经被预设，不存在"再次分配"之说。在专利申请、审查、无效等不同程序中，说服行为的不断变化的表观现象，在组合

---

[1]　郭鹏鹏：《复审、无效及司法审判视角下组合物发明的保护——课题研究报告》，南京理工大学，2019，第63页。

物发明领域较为突出；这一过程实际上是下面几个方面的内容：（1）试图专利授权或维持专利权的主体必须说服裁判主体某种技术效果的存在，这是预设的证明责任；（2）当无其他参与主体时，裁判者在是否就某效果事实的存在而形成确信中，需要不断阐明为何尚未达到其内心证明标准之理由，这就不断地增加专利申请人的说服义务，就体现为专利申请人不断增加的证据；（3）在存在相对方的无效程序中，就体现为无效请求人对专利权人的说明书记载、证据内容的不断质疑、反驳，甚至以证据形式进行削弱，这一过程使得合议组的内心确信不断被削弱，客观上增加了专利权人的说服义务。尽管后两者在表象上都体现为专利权人/专利申请人不断增加的证据，但是这并非真正意义上的证明责任转移。[1]

（三）审查员的责任

如有作者[2]论述道，法官在法律适用方面有三个任务。首先他必须了解和熟悉客观的法，以便他清楚，由他作出的裁决是否能在法秩序的规范中找到根据，以及在何等条件下法秩序给予他一个命令，该命令是他在具体案件的判决中可

---

[1] 郭鹏鹏：《复审、无效及司法审判视角下组合物发明的保护——课题研究报告》，南京理工大学，2019，第65页。

[2] 莱奥·罗森贝克：《证明责任》，庄敬华译，中国法制出版社，2018，第6页。

以重复运用的。其次，他还必须将已掌握的为裁判所需的事实、具体的案件事实，与客观的法的规范联系起来。其方法是，他将诉讼中提出的事实主张与法秩序规定的、当事人要求的、法律效果的发生依赖的前提条件相比较，并确认，是否以及在多大程度上该事实主张和该前提条件是相吻合的。最后，他还必须审查此等主张的真实性，并试图查清该案件事实（Tatsichlichkeit）的真实情况。

虽然专利实质审查员的角色不完全等同于法官，但正如《孟子·离娄上》所言"徒法不足以自行"，专利实质审查员在进行实质审查时为了行法，承担着某种类似于法官的角色，亦在一定程度上承担着前述作者所述的法官在法律适用方面的三个任务。除了上述责任外，还担当着一些非法官的职责，即为裁判所需的事实、具体的案件事实而进行的一些证据的收集责任。

专利活动虽然源于申请人的主张，但其主张是否成立是需要判断主体基于具体的法律规定与申请人进行沟通。在沟通前，涉及判断主体对某些事实存在与否或其存在程度所形成的内心"确信"，这样的确信有时需要一定的证据支持，这就需要审查员进行必要的举证。从证据及举证意义上而言，当申请人提供的文件完全符合《专利法》《专利法实施细则》规定的各要件时，即其符合了相应的授权条件，通常并不需要实质审查员进行相应的论述、举证，而体现在实质审查的程序上则为《一次授权通知书》的发出。当审查员发出了《一次授权通知书》之外的其他绝大多数通知书时，表明该案件在某些条件上并不符合《专利法》《专利法实施细则》规定的部分要件。

在实质审查过程中，如果案件在某些条件上并不符合《专利法》《专利法实施细则》规定的部分要件的审查要求，除了申请人提交的申请文件及相关材料，还需要审查员收集证据与材料。在应用具体法条时，通过居中的审查员基于申请人提交的材料、自行收集的证据结合对法条的理解，将其内心确信的结论借助文本的形式告知申请人。证据收集完成后，审查员此时是处于裁决者的角色，裁决的结论是基于正反证据的说服力而定的。申请人及审查员对材料的提供程度直接决定了裁决者的裁决结论。通常申请人提供的材料在很大程度上决定了审查员对材料的收集，当上述双方在材料提供上存在任何不当之处，均会影响最终裁决结论的客观性。由此可见，在一件案件的审查过程中，专利实质审查员担负了两项任务，分别为证据收集责任、评估裁决责任。

就证据收集责任而言，通常会因预期使用的具体法条的不同而有所不同。但对不清楚法条、修改超范围法条，通常申请人提交了相应的文件后，无须审查员收集额外的证据，审查员基于对具体法条的理解以及具体文件字面上表达的含义等即可确定适用法条，并发表相应的观点。但这并不排除在部分情况下，上述法条在应用时仍需要收集一定的证据。如对于是否清楚的问题，当对某个术语，申请人理解、认定的与现实情况明显不同，但其仍坚称申请文件中所述的术语的具体含义没错，此时则需要审查员收集必要的证据以证实申请人对术语的解读是有误的。在创造性审查时，其实质上强制要求审查员在任何情况下均需要收集证据，并借助收集的证据且基于一定的评述逻辑将推论、判断过程具体化为审查意见通知书。

（四）举证责任的交织

就审查员对证据的评估裁决责任而言，当审查员充分尽责举证后，对于一些仍难以确定的疑点，常会发生举证的倒置，这种倒置在创造性审查及公开充分审查中是非常常见的。就充分公开而言，杨德桥在《专利充分公开制度的逻辑与实践》中论述道：就抽象的证明责任而言，如果审查员对申请的充分公开性提出质疑，则首先应当承担。这是出于维护申请人权益和行政法治的要求。美国《专利审查程序手册》规定："专利说明书被推定为满足（专利法的要求）除非（直到）专利审查员提供了充足的证据或理由足以推翻这种推定。"审查员承担证明责任的方式是，如果质疑公开充分的理由是公知常识，则进行充足的说理即可；如果质疑理由是公知常识之外的其他事由，则审查员还应当提供相应的证据予以证明。审查员的证明必须满足表面证据的要求，即其证明力已经大于说明书的证明力，在申请人不提供进一步证据的情况下，审查员的理由已足以推翻对申请充分公开性的推定。审查员必须有合理的基础来质疑书面说明的充分性，审查员对此承担初始举证责任，他有义务提供一个证明力占优势的证据，来说明为什么本领域技术人员不认为发明创造已被说明书充分公开。在作出驳回决定时，审查员必须提出专利申请不满足充分公开要求的明确根据。这些根据包括：（1）确定涉案专利权利要求的边界；（2）建构起一个表面证据案件。这也就是说，审查员仅仅提出公开充分性的质疑是远远不够的，相应的根据或证据是不可或缺的。一旦审查员就专利申请的充分公开性提出质疑并且提出了足以建构起表面证据案件的根据，则申请人有义务就审查员的质疑作出回复，必要时还得提供相应的证据，此时证明专利充分公开的责任转移至申请人一方。如果申请人一方的说理或证据足以推翻审查员的质疑，则证明责任又回到审查员一方。在审查员作出最终决定之前，证明责任的如此往复可能会发生多轮。就充分公开审查过程中的具体证明责任而言，需要由审查员根据个案的具体情况进行公平合理的分配，基本不存在一般的规律性。对说明书充分公开的探究必须以个案为基础，这是一个事实问题。欧洲专利局上诉委员会认为，异议人通常负有确立披露的不充分性的举证责任。当专利没有给出一个发明特征如何付诸实践的任何信息时，认为发明被充分披露的推定是容易被推翻的。在这种案件中，异议人可能通过辩称公知常识无法使技术人员实施这个特征，就可以尽到举证责任。专利的所有人则负有证明相反主张的举证责任，证明公知常识确实能使技术人员实施发明。新发明与之前认可的技术知识的矛盾越多，在申请中需要的技术信息和解释就越多，以使仅具有常识的普通技术人员能够实施发明。日本学者在汇集日本法院作出的有关专利充分公开的案例时，是根据发明创造所属技术领域来总结法院的裁判规则的，说明专利充分公开的具体证明问题是一个因不同技术领域而有不同的复杂事项。日本学者举例说："关于化学发明，很多案例认为如果没有对每个具体效果进行确认，则应认定说明书记载不足或发明未完成，若构成与效果之间的关系的可预测性较低，则对效果进行确认并记载在说明书中就非常重要。特别是医药用途发明的情况下，要求在说明书中记载药理数据或其同等内容以验证有用性的案例引人注目。"总之，有关专利充分公开的具体证明责任是复杂多样的，需要根据专利所属技术领域的不同，以个案为基础，在专利审查过程中动态地、具体地作出判断，是一个法律实施层面的问题。[1]

由此可见，实质审查过程中的充分公开法条的举证责任，因审查过程、时机等不同而有所不同。杨德桥在上述论述过程中提及"就充分公开审查过程中的具体证明责任而言，需要由审查员根据个案的具体情况进行公平合理的分配，基本不存在一般的规律性"。杨德桥在上述论述中认为，证明责任的分配权在于审查员。姑且不论上述权力的分配是否恰当，就专利实质审查而言，其涉及多个法条，各个法条的侧重点又各不同。审查员在专利实质审查时，不可能一直保持着完全中立的"法官性"角色。为了保障专利实质审查工作顺利、公平、合理地进行，举证责任的分配在具体法条的应用中的边界应受到合理的重视与指引。

同时，在专利实质审查过程中，并不存在法官亦不存在原告与被告。专利实质审查顺利与否，依赖于审查员与申请人对证据的举证与反证。当证据的提供出现问题时，必然会影响专利审查的顺利进行。杨德桥在其专著中认识到专利审查员的角色的特殊性："专利审查行为不同于诉讼，不存在

---

[1] 杨德桥：《专利充分公开制度的逻辑与实践》，知识产权出版社，2019，第241—246页。

居中裁判的第三方，既无举证责任的问题，亦无证明标准的问题。但是基于司法最终原则，专利审查行为有发展为诉讼行为的可能。专利审查行为是国家专利行政机关的具体行政行为，由此引发的诉讼属于行政诉讼的范畴。在证明标准上，行政诉讼采用民事诉讼的证明标准，即'优势证据'标准。因此，在专利审查的过程中，审查员也应当根据'优势证据'标准来审查申请的充分公开。所谓'优势证据'标准是指，一方的证据证明某事实主张为真的可能性大于其为假的可能性。按照这一标准，审查员通过对证据的审查，认为申请人主张的案件事实为真的概率高于审查员主张的案件事实，就应该判定专利公开充分；反之，则公开不充分。申请人提供的（能够实现）证据不一定是决定性的，只是对本领域技术人员来说应当是有说服力的。审查员如果要以公开不充分为由驳回申请，则所述理由或所举证据应当符合表面证据案件的要求。也就是说，根据美国《专利审查程序手册》优势证据标准是判断专利申请是否满足充分公开的根本准则，无论对于申请人还是审查员，都是如此。当然，判断哪一方的证据属于'优势证据'时，审查员必须考虑在案的全部证据，结合专利充分公开的判断规则形成最终的结论。"[1]

---

[1]　杨德桥：《专利充分公开制度的逻辑与实践》，知识产权出版社，2019，第248—249页。

可见，就一件案件是否公开充分，审查员的裁决责任依赖于审查员所收集的证据与申请人所提供的证据的说服力的强弱。这种说服力强弱的判定，涉及审查员与申请人之间证据的交互及对技术材料的诠释、解读、评估。

第三节　影响小前提建构的因素

一、审查主体的能力

（一）技术性能力

专利申请文件作为一种技术文件，其审查需要具有专业技术能力的审查员进行。因个人技术能力存在差异，会使同一案件在不同审查员手中产生不同的结论。因此，《专利审查指南》中规定了虚拟的本领域技术人员，为审查员的技术能力提供了一定的参考标准。一件申请的最终审查结论受相应的标准及应用标准的个体化了的审查员的技术能力及认识决定。从而有必要了解审查主体的技术能力对小前提建构的影响。

1. 假定的本领域技术人员的能力

在专利实质审查过程中，避不开的一个概念是本领域技术人员。虽然相应的概念是在《专利审查指南》实质审查部分的创造性一章出现，但其实质上贯穿于整个实质审查过程。所述的本领域技术人员作为一个主体，需要考量现有技术与申请文件相关的内在关联，并进而确定是否可以使申请文件被授予专利权。在《专利审查指南》中，对本领域技术人员的规定如下：

　　所属技术领域的技术人员，也可称为本领域的技术人员，是指一种假设的"人"，假定他知晓申请日或者优先权日之前发明所属技术领域所有的普通技术知识，能够获知该领域中所有的现有技术，并且具有应用该日期之前常规实验手段的能力，但他不具有创造能力。如果所要解决的技术问题能够促使本领域的技术人员在其他技术领域寻找技术手段，他也应具有从其他技术领域中获知该申请日或优先权日之前的相关现有技术、普通技术知识和常规实验手段的能力。[1]

　　基于上述对本领域技术人员的规定可知，首先，本领域技术人员是一种假设的人；其次，这样的人是不具备创造性的；再次，这样的人是具有一定的能力的。本领域技术人员

---

[1]　国家知识产权局制定《专利审查指南（2010版）》，知识产权出版社，2020，第172—173页。

的能力存在不同层次的区分，其所具有的能力如下：

①知晓申请日或者优先权日之前发明所属技术领域所有的普通技术知识；

②具有应用申请日或者优先权日之前常规实验手段的能力；

③能获知发明所属技术领域中所有的现有技术；

④在所要解决的技术问题的促使下，本领域的技术人员能够在其他技术领域寻找技术手段，可获知相关现有技术、普通技术知识和常规实验手段。

其中，第①项、第②项的能力属于所述假设的人的天资，其天然具有相应的能力。第③项、第④项的能力，并不属于本领域技术人员的天资，需要本领域技术人员付出一定的劳动方可获得，特别是第④项能力还需要具有一定的动机方可使本领域技术人员获得。

依据《专利审查指南》的规定，本领域技术人员是不具备创造能力的，其在使用第③项能力时，即"获知发明所属技术领域中所有的现有技术"时，本领域技术人员似乎在发明所属技术领域是一个百科全书式的人物。第④项能力在使用时，应当存在"要解决的技术问题"，而这个问题可能是（a）发明者提出的；（b）假想的本领域技术人员提出的。对于情形（a），当发明者提出的要解决的技术问题在发明所属的技术领域内，基于假设的本领域技术人员所具有的能力①—③仍无法解决时，方有可能在相应的问题促使作用下，应用第④项能力。此时，情形（a）中发明者提出要解决的技术问题，是本领域普遍面临的技术问题还是发明者首先发现的技术问题，如果是后者，有时提出相应的问题实质上是需要一定的创造力的。情形（b）通常更多地出现在创造性评述过程中，基于"三步法"确定区别特征后由假想的本领域技术人员提出。基于区别特征提出要解决的技术问题是否属于本领域技术人员应当具备的能力，是一个值得考量的问题。基于发明创造性的概念中规定的"如果发明是所属技术领域的技术人员在现有技术的基础上仅仅通过合乎逻辑的分析、推理或者有限的试验可以得到的，则该发明是显而易见的，也就不具备突出的实质性特点"可知，本领域技术人员应当是具有合乎逻辑的分析、推理或者有限的试验能力的。基于区别特征提出要解决的技术问题，属于本领域技术人员运用逻辑分析、推理能力实现的。这种合乎逻辑的分析、推理如何不受创造能力的影响是一个值得关注的问题，逻辑分析、推理过程中并不能完全排除有时可能需要假设的人付出创造性的劳动。

2. 现实中的本领域技术人员的能力

在专利实质审查过程中，涉及专利实质审查员将《专利法》中的纸面上的法律变成行动中的法律。为了"严格依照法律，让纸面上的法律与行动中的法律一致起来"，《专利审查指南》拟制了本领域技术人员这样的一个人，但这样的人只能化身为具体的一个个专利实质审查员方可使纸面上的法律变成行动中的法律。这样的一个个专利实质审查员是一个个带有普通人具有的一切共性的人，并非神，不可能确保在其职业生涯中对所有案件的处理均严格地等同于拟制的本领域技术人员，只能是尽量地向其靠近。专利实质审查中行动的法律与纸面上的法律不可能不存在差异，但这种差异部分源于对纸面上的法律的理解与解读的变动性与不确定性，更多的是源于对技术事实的认定、理解上的偏差。

本领域技术人员的定义规定了本领域技术人员不具备创造能力。对于何为创造力，在《专利法》《专利法实施细则》《专利审查指南》中并无任何定义，但基于创造性、创造力在《专利审查指南》中数次出现，部分学者认为在实际操作过程中是认为本领域技术人员具备一定程度的创造力的。如石必胜在《专利创造性判断研究》中所言：我国《专利审查指南》对本领域技术人员明确规定"他不具有创造能力"。在逻辑上认为本领域技术人员具备一定程度的创造能力，实际上就是承认创造性有高度要求：高于本领域技术人员创造能力的创造性，才能作为专利授予的条件。这在理论上没有问题，也符合发明与实用新型的创造性高度要求不一致的制度设计。在我国的专利审查和专利审判实践中，专利复审委员会和人民法院有时也隐含地认为本领域技术人员具备一定的创造能力。[1]基于上述逻辑，作者石必胜进而提出与实际操作过程相符合的情况——创造性判定是有高度的。具体观点如下：

在具体案件中，本领域技术人员知识的认定可以说是一个事实问题，由证据规则来决定，而本领域技术人员的能力认定则不是一个事实问题，而是一个法律问题。对本领域技术人员创造能力的考虑，实际上隐含着审查员和法官对利益平衡和价值选择的立场。这种立场的真正影响因素往往并不在法律之内，而在法律之外，包括政治的、经济的，甚至判断者个人的因素。如果判断者认为专利创造性判断的标准应当高一点，自然就会将本领域技术人员的知识和技能水平认定得高一点；如果判断者认为专利的创造性高度应当低一点，就会自然地将对本领域技术人员的要求降低。说到底，审查员和法官的立场是本领域技术人员水平的决定因素，也是专

---

[1] 石必胜：《专利创造性判断研究》，知识产权出版社，2012，第144页。

利创造性高度的决定因素。[1]

基于上述研究可知，如果严格地认为本领域技术人员是不具备创造力的，在具体逻辑方面是说不通的。如在创造性评述过程中，确定发明相对于对比文件实际所要解决的技术问题，其本身即是从效果至问题的处理方式，这样的过程涉及归纳法的应用。本领域技术人员如果被严格地认为不具备创造力，不应当基于一些或然性的知识而得到一个必然性的问题，之后再基于相应的问题借助溯因推理，而判定一件申请方案的获得是否付出了创造性的劳动。在具体审查实践中，一定程度上认同本领域技术人员在某些方面具有一定的创造力，在逻辑上可以解释诸多实际操作的问题。下面对实践操作中审查员的专业技术能力对小前提建构的一些影响因素进行分析。

（1）术语的理解

我们都知道，一个论证背后的基本目的是证明一个论点。论证者的任务就是要提供可以证明结论的确凿证据。[2]在专利实质审查过程中，专利实质审查员的任务就是要提供可以

---

[1] 石必胜：《专利创造性判断研究》，知识产权出版社，2012，第147页。

[2] D.Q. 麦克伦尼：《简单的逻辑学》，赵明燕译，北京联合出版公司，2016，第132页。

证明结论的确凿证据，进而对所审查的案件发表观点。这些确凿证据应当是现有媒介中记载的一些证据，通常更多的是纸质证据。

通过这些证据，我们首先要确认事实。当我们说"确认事实"的时候，并不是说把这个关于现实的观念在大脑中确立起来。如我们所知，大脑中的观念是主观的范畴。而我们所关注并意欲确认的事实，却是客观的范畴。要确认事实，就必须绕过观念直接观察外部世界。如果我们成功地为观念在外部世界中找到了对应物，那我们就确认了一个事实。[1]

在实质审查过程中，通常在无相反的证据的前提下直接认定媒介记载的现有技术均属于事实。而事实又是由一系列的术语组成。同时我们知道，推论是由命题组成的，而命题是由一些术语组成的。如若对术语的内涵与外延没有清晰的理解，那么在应用过程中，不但对具体事实的解释认定可能与客观事实存在偏差，还不可避免地会使随后的推论的可信度大打折扣。法规、法条的上位化，为推论的不确定性埋下了伏笔。如在《专利法》《专利法实施细则》中，对于作为极为核心的术语"技术"，并未给出任何解释与规定。而在实

---

[1] D.Q.麦克伦尼：《简单的逻辑学》，赵明燕译，北京联合出版公司，2016，第9页。

质审查过程中，技术方案、技术问题、技术手段、实际解决的技术问题等，均与技术有关，且多个法条的使用均涉及术语"技术"。可喜的是，在理论界，关于述语"技术"的研究在当前亦有一定的进展，如杨德桥在《专利实用性要件研究》中提到如下观点："古代用于指称'技术'的那些概念，根本性含义往往是指以个人从经验中获得的技能的形态存在，具有个人性和经验性特征的身体技巧，技术在本质上被视为一种'艺术'"，"'技术'这个词是在近代科学和技术相互结合以后出现的一个概念，其根本性特征是'技术'逐步借用了'科学'的表达手段，通过使用规范的定量分析实验方法和数学描述方法，使得'技术'成为一种可直接交流的客观化知识"，"在专利法上，'技术性'意味着手段的客观化"。[1]

上述对相应的术语的研究只是处于研究阶段，而并非处于相对稳定的定论阶段。亚里士多德曾说："一切之中最容易的事情是反驳定义，但最困难的事情则是构造定义。"[2]本书并非试图完成这种最困难的事——定义专利实质审查过程中的核心术语，而只是抛砖引玉以希望行业内的同僚不因过久

［1］ 杨德桥：《专利实用性要件研究》，北京：知识产权出版社，2017，第170—171页。

［2］ 苗田力编《亚里士多德全集（第7卷）》，中国人民大学出版社，1993，第297页。

地使用一些术语，而忽视了对其定义、内涵、外延的思考，从而影响某些特案的审查。在《专利法》《专利审查指南》中同样对部分相关术语进行了一定的规定，如对发明的规定为：是指对产品、立法或者其改进所提出的新的技术方案。"改进"是指对于已有的方法、机器、产品和物质合成的改变或者改造。按照改进的通常含义，应当是让原有的发明或者物质增加价值，或者变得更好。《罗宾逊论专利》对于改进发明有如下的定义：改进是对于现有手段的增加或者改变，既增加了它的效率，又没有破坏它的特性。改进包括两层必要的含义。第一层含义，有一个完整的可以实际操作的技艺或者器具，或者是自然的或者是人工的，作为将要被改进的原始对象。第二层含义，是对此类技艺或者器具的改变，既没有影响它的基本特性，又使之产生了更为完美或者更加经济的适当结果。当此种改变运用到了发明能力时，就是一项真正的发明，并且以改进而为人所知。尽管"改进"发明是从改变、增进的角度来说的，但在实际的专利审查和司法实践中，对于"改进"则是通过新颖性和非显而易见性的判断来确定的。如果某一改进，不具有新颖性，尤其是不具备非显而易见性，则不会成为《专利法》保护的改进发明。如果某一改进具有新颖性，同时具有非显而易见性，则可以成为《专利法》保护的改进发明。[1]

除了国内，国外亦有相应的关注点，试图对专利实质审查过程中涉及的一些术语给予相对明确的定义。如日本《专利法》试图对"发明"作出一种学理解释。然而，无论是在社会科学领域还是自然科学领域，越是基础性的概念就越难定义。例如，"物质"是社会科学和自然科学共同涉及的最为基本的概念，人们普遍认为它是不可定义的。日本《专利法》中涉及"自然法则""技术""技术思想"等概念，它们都是十分基本而又十分抽象的概念，定义这些概念的难度丝毫不亚于定义"发明"的难度。用这些概念来定义"发明"，实际上是抽象概念之间的辗转定义，其结果往往是可意会而不可言传，很难成为可供公众实际掌握的判断标准。随着科技和经济的不断进步，《专利法》的一些理念不能一成不变，也需要"与时俱进"。

相比之下，欧洲国家采用的定义较为简单明了。尽管其涉及的"发现""智力活动"等是较为抽象的概念，存在如何界定的问题，但是总体而言，《欧洲专利公约》第52条第（2）款涉及的抽象概念与"自然法则""技术思想"等抽象概念相比，其含义还是要具体实在得多，因而判断起来也相对容易

---

[1] 李明德：《美国知识产权法（第2版）》，法律出版社，2014，第41—42页。

一些。正因为如此，目前世界各国的《专利法》很少采用对"发明"作出正面定义的方式，大多数都采用对"发明"作出反面定义的方式。

一般而言，《专利法》中不宜同时对"发明"作出正面定义和反面定义。例如，美国、日本《专利法》中对"发明"作了正面定义，就没有如同《欧洲专利公约》第52条第（2）款那样的反面排除条款；反之，《欧洲专利公约》通过第52条第（2）款反面排除了不属于"发明"的主题，就没有再对"发明"作出正面定义。其原因在于，同时作出正面定义和反面定义很难确保其分别界定的能够被授予专利权的主题范围和不能被授予专利权的主题范围正好能够"无缝"地拼接在一起，使两者之间既无空隙，又无重叠。若有空隙，则判断主题时找不到法律依据；若有重叠，则判断主题时依据正反两个定义会得出相互矛盾的结论，不知该以谁为准。在《专利法》中，本条对"发明创造"看似做了类似于正面定义的规定，第二十五条又对不能授予专利权的主题做了反面排除，两者同在，这是否会带来上述问题？笔者认为，本条给出定义的本意并非在于对"发明创造"作出如同日本《专利法》那样的学理定义，而是在于明确发明、实用新型、外观设计之间的区别，这在《专利法》并列规定三种专利的情况下是必不可少的。[1]

正是由于专利审查过程中部分术语定义的不确定性，为实质审查过程中的审查结论的不确定性带来了一定的影响，这样的术语可能是法律上的术语也可能是技术上的术语。在实质审查过程中，对具体案件中的术语不同主体可能产生不同的理解。如最高人民法院民事裁定书（2012）民申字第1544号［20］涉案专利，关于术语"导磁率高"是否清楚，从申请人、审查员、复审员、基层法院直至最高人民法院一直争论不休。申请人亦列举了大量的现有技术，表明现有技术中存在"导磁率高"或"高磁导率"这样的表述，从而表明其所使用的术语是清楚的。但最高人民法院，基于相关术语的不确定性，仍认为相应的术语使权利要求的保护范围不清楚，从而无法将被诉侵权技术方案与之进行有意义的侵权对比。可见，即使是一些专业术语，通常亦具有不确定性。

（2）专业知识水平

专利实质审查工作是一种涉及科学技术知识，极为专业的工作，科学技术知识本身具有一定的不确定性。虽然《专利审查指南》规定了，发明是否具备创造性，应当基于所属技术领域的技术人员的知识和能力进行评价。而作为实体化

---

[1] 尹新天：《中国专利法详解（缩编版）》，知识产权出版社，2012，第15页。

的本领域技术人员，专利实质审查员的个体知识和能力是各不相同，在具体案件审查中要求在"获知该领域中所有的现有技术"后再进行专利审查，并不具有可行性。具体知识能力的不确定性，在判定预料不到技术效果中规定的"产生'量'的变化，超出人们预期的想象"通常会有明显的体现。如对于组合物，申请人验证了三种现知对某种保健功效有益的成分复配时，在相同组合用量时，三种成分相对于两两混合后具有更好的对应效果，其是否属于"产生'量'的变化，超出人们预期的想象"的情况，通常需要深厚的现有技术知识的支持方可客观地评述，这种深厚的程度有时会超出审查员的能力。

　　实际上，三种成分相对于两种成分的组合具有更好的技术效果，其好的程度有可能是物料的简单叠加，亦有可能是产生了真实的协同作用从而属于"产生'量'的变化，超出人们预期的想象"的情况。下面结合图 4-1 进行相应的说明：

图 4-1

157

其中 A、B、C、D 等代表保健因子，各个板的高度代表各营养成分满足人体完全健康时所需要的保健因子的量。在某一个国土面积较小的国家，A、B、C 均属于该国内制作面包时允许添加的营养补充剂。某位申请人发现其制备的面包中补充添加 A、B、C 三种物质后，其食用者的健康在某一方面得到了明显的改进，而当只添加上述三种原料中的两种时，其对食用者的健康改进程度均不如同时使用三者。而当不存在其他技术知识时，上述效果似乎属于"产生'量'的变化，超出人们预期的想象"的情况，从而足以被授予专利权。当存在如下技术知识时，研究发现与邻国的可比群体进行对比后，该国因国土土地所含营养成分与邻界国有所不同，通过饮食，邻国在 A、B、C 三种营养物质的摄入量上均达到了 D 一样高的水平，并且邻国比该国在相同健康指标方面表现得更为突出。此时，结合图 4-1 可明显地发现当同时补充 A、B、C 到 D 的量时，相对于将 A、B、C 任一成分舍去并将其量加到其他成分时，具有更好的效果是显而易见的，申请只是简单物料的叠加。同时补充 A、B、C 到 D 的量时，其食用者的健康水平超出了 D 所能代表的健康水平，此时方可以体现出 A、B、C 的复配属于"产生'量'的变化，超出人们预期的想象"的情况。在实际案件审查过程中发现，在部分方案中确定 D 板，即发现 D 并确定 D 的用量水平已经是一个极难的课题，而在有些方案中因技术领域内的技术发展得较为充分，从而又显得那么显而易见。

在实际应用过程中，案情通常更为复杂而难以确定。如下述案例：

权利要求 1：一种具有提高免疫力的组合物：由红景天、沙棘、雪莲组成，用量比为 1：1：1。

［案情］：申请人验证了红景天、沙棘、雪莲为各 30 重量份时，相对于舍去一味原料后，其他两味原料均为 45 重量份时具有更好地提升免疫力的效果。

［现有技术的情况］：红景天、沙棘、雪莲均具有提升免疫力的功效，且其作用机理及表现各不相同；同时，现有技术表明沙棘的高剂量与低剂量对提升免疫力的功效是无显著性差异的。

由此可知，申请文件验证了同等物料用量，三种成分相对于两种成分的组合具有更好的技术效果，此时量的提升是否属于"产生'量'的变化，超出人们预期的想象"，从而使上述申请具备创造性是需要进一步判断的。

借用图 4-1 的示意，在本案中指定 A 为红景天、B 为沙棘、C 为雪莲，D 的高度代表 A、B、C 简单叠加所能达到的保健水平。首先，需要确定如图 4-1 中的 D 的水平，即确定申请所在地补充 A、B、C 可以达到的上限值 D；其次，要明确 A、B、C 是否是完全的独立的短板，且不存在比 A、B、C 更低的其他短板。当 A、B、C 单独使用时均可以使图 4-1 反映的效果得到提升，现有技术表明，A、B、C 三种物质产生相应的效果时其作用途径、机理等并不完全重合，这至少可以表明 A、B、C 单独均对最短的板具有一定的补齐作用；当 A、B、C 两两组合时均强于单独对最短的板的补齐效果时，则表明两两组合时的补短效果应当至少达到中间短板的程度。如此深入的分析，似乎对审查员的专业技术能力提出了极高的要求。上述实际案件中审查员只是检索到了红景天、沙棘、雪莲作用于免疫的情况是明显不同的，且有资料显示沙棘使用剂量大小对免疫的调节作用无显著差异。假设红景天、沙棘、雪莲的最大作用剂量均为 30 重量份，增加用量对其效果并无影响，因此实施案例相对于对比文件 1-3 具有更好的调节免疫力的作用是属于可合理预期的，并不属于预料不到的技术效果。

（二）非技术性能力

在《专利审查指南》创造性审查一章中，对审查主题的能力给出了相应的规定，审查的主体即为假定的本领域技术人员，审查的客体是待审查的具体案件。假定的本领域技术人员，需要基于现有技术将待审的具体案件进行分析、对比，之后进行审查。

但是上述规定中的本领域技术人员，只是对审查主体的技术能力进行了规定。规定的主体具备的能力，通常被部分业内人士认为是专利审查时审查员真实具备的能力。在专利实质审查过程中，多数案件的重点可能在于技术层面上的问题，但亦不排除部分案件实质上更偏向于非技术性问题的认定。当没有客观地认识专利审查时的主体具备的能力而赋予主体不同的能力水平时，其对同一案件可能会得出不同的审查结论。并且，基于具体法条，相应的主体为了应用对应的法条，其具备的能力是有所不同的。

如《专利法》第五条规定：

对违反法律、社会公德或者妨害公共利益的发明创造，不授予专利权。

对违反法律、行政法规的规定获取或者利用遗传资源，并依赖该遗传资源完成的发明创造，不授予专利权。

本领域技术人员属于具有专业技术知识的一种假定的人士，其具备的知识几乎与具体的科学技术专业相关。当其试图使用《专利法》第五条，以"违反法律"为理由对待审案件进行评述时，是否意味着假定的本领域技术人员需要对当前的涉案专利涉及的所有相关法律具有清晰的认知能力；当审查员准备以涉案专利"违反社会公德"为由进行审查时，是否又需要专利审查员具有如同道德理论家般的知识；当审查员试图以"妨害公共利益"为理由评述相应的案件时，审查员又变成了公共利益的判定者。上述各种能力似乎与科学技术能力无必然的联系。在专利实质审查过程中，化身为本领域技术人员的具体审查员，到底应当具有何种能力，其在具体法条应用时应当具有的知识应当是何种水平，这从来是一种说不清道不明的状态。而这种状态，时不时地借助社会舆论而产生诸多如"毒"明胶食品专利案[1]似的舆论风暴而要求具体审查员具有突破技术知识范畴的种种认识能力。

二、与大前提的关联性

任何小前提的建构均具有一定的目的性。在专利实质审查过程中，小前提的建构的目的在于确定待处理的案件、方案是否属于大前所涵摄的范畴。从而确定具体的案件、方案

---

[1] 赵永辉：《解读"毒明胶食品"事件中的专利问题》，《中国发明与专利》2012年第5期，第22—23页。

是否符合具体的法条规定的范畴。具体小前提的建构，直接受大前提建构的影响。如在审查过程中预建构某个具体的技术方案属于《专利法》第五条第一款规定的妨害公共利益的情形。在审查过程中，需要收集相应的证据、事实以论证方案存在妨害公共利益的情形。在此过程中，首先，要审查员与申请人对何为公共利益具有共识，其次需要证实方案基于何种理由而妨害所确定的公共利益。在这种确定过程中，通常需要进行必要的证据收集以确定对应的技术手段使方案产生了妨害确定的公共利益。

又如在创造性审查过程中，基于《专利法》《专利实施细则》《专利审查指南》确定了是否具备创造性的大前提。小前提的建构是基于相应的大前提的应用而展开的。是否具有创造性是一个相对标准，是相对于最接近的技术方案而言的。在小前提的建构过程中，首先要找到并固定最接近的现有技术。获得证据后，判断案件是否具备创造性则需要基于"三步法"的应用要求来进行对比分析、论证，来看具体的案件的权利要求是否涵摄于具备创造性或不具备创造性的情形中。

在专利实质审查过程中，审查主体的能力、审查客体的充实性及针对性、审查过程中举证是否顺利，均在实质审查过程中决定小前提是否能合理、合规地建构。

第五章　实质审查中的归因

　　在实质审查过程中，会涉及各种各样的材料。对材料的理解、解读会因人而异，从材料中提取的事实也会有所不同。在专利案件中，存在技术事实和法律事实两类事实问题。所谓技术事实，是指与法律的价值判断无涉，纯粹以自然规律为依据进行判断的事实问题。比如特定的技术背景、技术术语、技术原理、技术方案等就属于较为明确的技术事实的范畴。技术事实判断是知识产权技术类案件涉及的法律事实、法律问题判断的基础。所谓法律事实，是指以法律的价值判断为基础，与技术判断呈现出一定结合度的事实问题。在知识产权技术类案件中，与纯的技术事实相并行的是法律事实，它们具有技术问题和法律问题相结合的特点，对案件裁判结论的形成常常具有直接的现实意义。例如，相关技术方案是否属于公知常识，技术特征是否等同，技术改进是否容易想到等，则属于技术与法律相互纠缠难以界分的法律问题。[1]

技术事实是纯粹以自然规律为依据进行判断的，法律事实以法律的价值判断为基础，但不同的人基于不同的认知、理解，对事物体现出的自然规律、价值判断的认识通常并不完全相同，这便会引起异义。专利实质审查是基于《专利法》的具体应用而生，天然交织着技术事实与法律事实的判断。正如法的应用从来都不是单纯的数理推理，而是一种艺术，技术事实的判断、推理如同法律事实的认定，亦时常交织着艺术之火。这种艺术交叉着严谨的演绎推理与灵感性的归纳推理。

在专利实质审查过程中，部分法条的应用基于单纯的演绎推理即可得到结论。如《专利法》第二十五条第一款第四项规定的不授予专利权的客体，其审查时的演绎逻辑如下：

大前提：所有的动物和植物品种不能被授予专利权；

小前提：本申请请求保护的主题属于动物或植物品种；

结　论：本申请请求保护的主题不能被授予专利权。

上述审查逻辑中，因小前提涉及的请求保护的主题的类型是十分容易判断的，并不涉及基于归纳推理而断定请求保

---

[1]　杨德桥：《专利充分公开制度的逻辑与实践》，知识产权出版社，2019，第223—226页。

护的主题是否属于动物或植物。从而，在实质审查过程中只需单纯地借助于演绎逻辑即可得出审查结论，并且这种结论申请人几乎不可能提出有力的反驳证据。

在专利实质审查过程中，也有一些法条在应用时通常交叉着归纳推理与演绎推理。基于基本逻辑学知识可知，对于演绎推理而言，只要推理形式符合逻辑，其前提是真实客观存在的，其结论必然为真。但对于归纳推理而言，其结论具有概然性，时常会出现黑天鹅事件。正是由于在具体法条应用过程中交织着归纳推理，在申请人、代理人、审查员之间对于同一案件的结论存在着不同的观点。但这并不意味着在具体的实质审查过程中归纳推理的说服性不高，而实质上合乎逻辑地归纳得到的观点，通常亦具有极强的说服力。并且，在实质审查过程中一些法条的应用经常涉及归纳推理。如申请文件中技术效果与技术手段之间的因果归纳，最接近的现有技术及其他一些现有技术中的技术手段与效果的归纳等。

对于实质审查员而言，因其涉及的具体法条数量有限，经过数年的工作学习与理解领悟，其对涉及的法条的法律事实的判断通常不会有过大的偏差，反而对瞬息万变的技术发展，对技术事实的认定成为申请人与审查员争议的核心，并且这些核心有时直接影响着后续的法律事实的判断。这些核心中，最主要的便是技术手段与技术效果的关系的确定，即归因与溯因。基于归因在实质审查中的重要性，本章将对归因进行必要的论述。

第一节　技术归因的特点

《专利法》在立法宗旨中提到了专利申请是为了推动发明创造的应用，提高创新能力，促进科学技术进步和经济社会发展。专利天然与具体产业应用相关联，这种关联推动着彼此的发展。经常是在生产、实践中，发现了某种现象（在专利申请文件中通常体现为技术效果），通过一定的研究发现这种现象极可能是由某个原因（在专利申请文件中通常体现为技术手段）引起的，当相应的现象与原因之间的关系得到了全面充足的研究、验证、证实时，其实质上可以上升到理论与机理层面，从而为控制相应的现象的产生提供一定的灵活性与可操控性。在随后的生产过程中，技术人员则可以通过相应的"理论、机理"而灵活地应用相应的技术手段以追求所需达到的技术效果。

但是在创新涌现的专利领域，要求申请人在一份申请文件中清楚地记载并表明其发现了某种接近机理或理论的直接的、本质性的因果关系，从而可以使同领域的其他技术人员可以灵活地应用相应的发现而推动科学技术的发展，本身即是有强人所难的嫌疑的。若申请人只是基于一份申请文件而声称其具有某种技术效果，或是某个手段可以产生某种效果，却并未基于一定的机理、理论进行必要的解释阐述，此时的技术效果很有可能是对某种现象的误读，或是申请人为了使专利能被授予专利权而故弄玄虚所致，抑或是申请人在研究实验过程中未意识到的混杂因子所致，而并非申请人声称的技术手段产生的技术效果。

上述矛盾的存在，又引出了另一个问题，即申请人在专利申请过程中，基于科学实验应当概括出什么层面的技术效果。这样的效果是如何通过合理、科学的阐述及实验使同行认同，从而使申请人的贡献点基于某种手段在一定的可操控空间内可实现重现，以服务于《专利法》的立法宗旨。上述问题涉及申请人在申请文件中如何基于自己的实验归纳出某些具体的观点。

专利申请中请求保护的方案属于技术性的方案，而这样的技术方案通常需要结合具体的技术手段与该技术手段能带来的技术效果，进而来考量申请人相对于现有技术所做出的技术贡献。这就涉及在申请文件的起草过程中，申请人如何通过其实验、理论知识归纳出某个手段确实可以为方案带来某种效果。在具体实质审查过程中审查员需要核实这种归纳是否成立，是否恰当。这进一步涉及技术性方案的归纳问题，从而有必要讨论技术性方案的特性，以便于更好地在专利实质审查过程中掌控归纳手段的使用。

一、实验性

在部分专利申请中，当技术手段提出后，基于现有的理论与机理是很容易确定技术效果的。但仍有大量的专利申请，当其技术手段提出后效果是不能直观地确定的，需要结合具体的实验验证方可确信，这类方案在大化学领域表现得尤为突出。如某人发现了某物质 A 可以治疗 B 病，通常基于具体的实验方可以使本领域技术人员确信。这种实验是否合理、推断的结论是否恰当，均会影响案件的最终审查结论。

比如，在组合物类权利要求的创造性审查过程中，通常具有如下观点：在组合物的复配作用效果实验过程中，通常各物质的功效是现知的，其发明在于将两种或两种以上已知的物质有机地组合在一起，从而获得新的特定性能和用途。如果几种组分组合起来各自实现原有功能，总体效果只是单独效果的叠加，则该发明不具备创造性。由已知组分组成的组合物的发明点在于对组分及其含量配比的选择，由于构成技术方案的组分均为已知的，故其创造性取决于所述组分和 / 或含量配比的选择是否能够解决现有技术存在的技术问题，并取得意想不到的技术效果。预料不到技术效果的规定要产生"量"的变化，超出人们预期的想象，或是产生了新的质的变化。

基于上述认知可知，技术手段产生的技术效果在确定组合物权利要求是否具备创造性时具有决定性作用。结合上述对组合物创造性的审查逻辑，如在食品领域申请人验证了三种现知对免疫力提升有帮助的药食两用原料时，申请人若想使相应的方案具备创造性，通常需要基于实验归纳出其原料复配在提升免疫力方面的"量"的变化，超出人们预期的想象，从而产生了预料不到的技术效果。上述效果的证实需要大量的、全面的实验，如此方可归纳得到相应的技术手段具有对应的技术效果，否则其相应的归纳是不完全的，即其结论的论述过程并没有使本领域技术人员完全信服。

二、学科性

结合第四章第三节中的具体实际案例（参见 P159 页），申请案件被分配至保健食品领域与被分配至生物领域，其技术归因又有所不同。这是由于技术领域的大前提限定了技术手段应用的大体范围，从而对效果的归因产生了一定的影响。

在保健食品领域，当所述的产品被认为具有增强免疫力功效时，基于《保健食品检验与评价技术指南》增强免疫功能检测方法中的增加免疫功能的判定规定，当在细胞免疫功能、体液免疫功能、单核巨噬细胞功能、NK细胞活性四个方面任意两方面结果为阳性，可判定受试样品具有增强免疫功能。[1] 当上述案件被分配至生物领域时，申请人在说明书背景技术中提及了现有技术中调整NK细胞产品在调整免疫方面的缺陷，当想提供一种通过调整NK细胞而提升免疫力的产品时，申请人验证了复配红景天、沙棘、雪莲对NK细胞的调整作用超出了可预期的程度，此时申请人想表明上述物质的组合产生了预料不到的技术效果，从而可以被授予专利权。从而申请人可以声称所述的组合物具有增强免疫力的作用。当前亦有部分研究者认为，此时申请人的贡献点在于发现了具体组合物基于NK细胞而具有了增强免疫力的作用，从而相应的介导手段应当被限定在权利要求中。

针对提升免疫力问题而言，单独地改变NK细胞的活性，在食品领域并不能确定相应的食品必然具有提升免疫力的功效。当一份食品领域的上述类似申请只是检测了组合物对NK

---

[1] 张双庆、崔亚娟、张彦、高丽芳主编《保健食品检验与评价技术指南》，北京科学技术出版社，2017，第369—370页。

细胞的影响，即便其影响的程度再预料不到，其亦不具有一定的实际应用意义。但在生物领域，当考虑到生化药物的研究层面，单独地改变 NK 细胞的活性，对于研发因 NK 细胞活性问题而引发的免疫性疾病的药物，具有极大的潜在价值。

由此可见，在专利实质审查过程中，具体技术手段至具体技术效果的归因是受具体学科、应用领域限定的。原因在于当申请人将相应的方案归属于具体学科、领域时，具体的学科、领域为具体的方案提供了应用背景，具体方案中的技术手段应当起到的作用及其程度受到了上述背景的限定。脱离学科特性、领域特色来谈论具体技术手段与具体技术效果的归因，会时常产生一些前提性谬误。

三、复杂性

同样借助上述的具体的例子说明在具体归因中的复杂性。

图 5-1

我们知道，桶中所可装溶液的量的决定因素在于短板的长短。假设申请人所在的国度内的具有代表性的群体的免疫水平为图 5-1 所述的桶内可装的溶液量，桶内可装的容量越多则代表相应的群体的免疫水平越高。同时，假设红景天、沙棘、雪莲补短作用只在于对 A、B、C、D 的补短，并且其用量足够大时均可将各自的短板补足至最高点，即桶的正常高度。而现有技术知晓这三味药均对免疫力有提升作用，从而必然会对短板 B 具有补短作用，而对于上述三味药对 A、C、D 的补短情况现有技术只是处于理论猜想阶段。

假设 1：若当红景天、沙棘、雪莲三者均对 C 无补短作用时，其两两复配的效果只能达到 C 所限定的程度，而此时实质上单纯的补足一味原料，若其用量足够大时，其效果亦可能等于或优于两两组合。

假设 2：若当红景天、沙棘、雪莲有未知的两味对 C 无补短作用时，只要其中对 C 具有补短作用与其他两味的任意一味复配时，当用量合适时其效果必然会优于 C 所限定的程度，而未知的两味对 C 无补短作用的物料复配时，此时其两两复配的效果最大只能达到 C 所限定的程度。

假设 3：若当红景天、沙棘、雪莲均对 C 有补短作用时，其两两复配的效果必然会优于 C 所限定的程度。

而实质上，基于现有技术只能确定红景天、沙棘、雪莲均对 B 有补短作用。但上述三味对其他短板的补短作用，因其对 A、C、D 短板的补短作用，当研究未达到一定程度时，其可能存在形形色色的情况，从而此时预期物料三者复配的效果必然会优于两者复配是不能确定的。当研究情况进一步表明，如假设条件 3 成立时，此时三味物料复配效果均优于两两复配的效果是可合理预期的。但对于假设 1、2 则无相应的必然结论。

由此可见，在专利实质审查过程中，技术手段产生的技术效果若想得到合理有效的归因有时是极其复杂的。但这并不表明在专利审查时不能进行技术手段至技术效果的归因，而只是要求申请人对一些效果的归因应当有较为相对合理、严格的试验，而使其证据占据优势地位。

第二节　技术效果的确定

一件需要进行实质审查的专利申请案件，决定其能否被授予专利权至关重要的点在于技术方案的技术贡献。随着科学技术的发展，一项技术方案越来越难以只是通过观察、了解其技术手段即可获得其技术效果。基于事物的认识规律，人们最先也是最容易接触到的是一些外在的现象。如生病的人康复了、制备糖浆时的生产效率提高了、产品的品质得到了提升等。当这些现象是由技术因素引起的时，通常必然暗含着某个或某些技术手段产生了对应的技术效果。如病人用了某种药品、制备糖浆时用了特定的酶、生产产品时用了某种更先进的设备等。

　　如上所述，若想确定"某技术手段产生了某技术效果"是否成立，需要借助一些实验、分析。当实验、分析达到一定的标准时方可使同行业的人士接受对应的手段是产生对应效果的原因。这些实验、分析的目的本身即是通过人为设定一些条件，通过尝试某些变量的变动而得到某一归纳性的结论。这些归纳性的结论，在专利实质审查过程中通常体现为对技术方案的效果的归纳。对技术方案的效果归纳，在不同学科中具有不同的特点，其最终得到的归纳结论的强弱亦可通过逻辑学中的一些基本理论知识而进行相应的分析。

　　下面就对创造性实质审查时，技术效果归因时需要考量的一些因素进行相应的分析。

一、技术效果

《专利法》第一条规定："为了保护专利权人的合法权益，

鼓励发明创造，推动发明创造的应用，提高创新能力，促进科学技术进步和经济社会发展，制定本法。"《专利法》第一条实质上亦是《专利法》的立法宗旨，其明确提到了"促进科学技术进步和经济社会发展"，《专利法》是以经济利益为导向，技术应用为载体，科学研究为根基来实现其立法宗旨的。《专利法》《专利审查指南》等相关规定并未对发明的技术方案的技术效果进行定义，只是在相关部分作出了如下规定："技术方案是对要解决的技术问题所采取的利用了自然规律的技术手段的集合。技术手段通常是由技术特征来体现的。未采用技术手段解决技术问题，以获得符合自然规律的技术效果的方案，不属于《专利法》第二条第二款规定的客体（即发明创造）。"[1]在理解、确定技术效果时，应当结合技术手段、技术问题。其关系是技术手段是为了解决技术问题，技术效果则为解决相应的技术问题后在技术层面上的外在呈现。在专利审查过程中审查的是技术方案，若不能较好地区分科学与技术，必然不能较好地区别方案、问题、效果是技术层面上的还是科学层面上的。如此则需要在一定程度上区分通常并不被重视且交叉使用的两个术语"科学"与"技术"。

通常科学更偏重于发现、机理性的研究，而技术则更偏

---

[1] 国家知识产权局制定《专利审查指南（2010版）》，知识产权出版社，2020，第121页。

重于应用及经济效果，技术的根基在于科学。科学比较关注机理，机理是对某种现象内在的、深层的、本质的原因的发现与阐述。这种现象在外在表现为一种结果，其中有很大一部分结果是人类希望可以对其进行控制的，以服务于人类社会的需求。技术则是基于科学为了追求某种结果而采用的手段，技术手段与技术结果通常互为表里。在专利实质审查中，人们追求的结果又被称为技术效果。科学与技术虽然均与效果有关联，但在专利领域中技术效果通常更关注的是人类能直接感受到的一些效果，并且这种效果可以满足人类社会的一些实际需求。科学研究的是事物与现象的内在关系，而技术则体现为以服务于人类为目的满足人类期望的某些结果而借助于科学采用的技术性手段。在发明专利中，单纯的科学发现属于不被授予专利权的客体，但基于科学发现而研发提出的带有技术性手段的方案则可以被授予专利权。

下面结合下述两幅图，以展示区别科学与技术在专利实质审查中的作用。

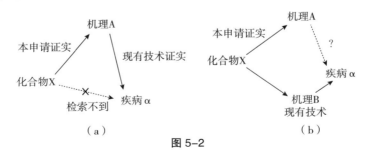

图 5-2

图 5-2 中共有两幅图，分别反映了不同案情，分别称为案情 1、案情 2。同时，假设具有如下技术方案：

技术方案 1：一种化合物 X，其特征在于：化合物 X 在机理 A 中的调控作用。

技术方案 2：一种化合物 X，其特征在于：化合物在治疗疾病 α 中的应用。

技术方案 3：一种化合物 X，其特征在于：通过机理 A，在治疗疾病 α 中的应用。

技术方案 4：一种化合物 X，其特征在于：通过机理 B，在治疗疾病 α 中的应用。

对于技术方案 1 而言，"化合物 X 在机理 A 中的调控作用"，其中机理属于科学发现，并不属于发明专利可授权的客体。并不存在技术层面上的技术问题、技术效果。因此，技术方案 1 通常是不能被授予专利权的。

对于案情 1 而言，当技术方案 2 与技术方案 3 不存在其他缺陷而需要进行创造性考量时，因为现有技术并未发现技术手段化合物 X 可以治疗疾病 α 的技术效果，现有技术中只是发现了机理 A 与疾病 α 的关联性。并且，通常发现机理 A 通过某技术手段可控制疾病 α 并不是只存在一种技术手段，在大多数情况下可以通过多种手段通过机理 A 来控制疾病 α。即现有技术并未给出技术手段 X 与技术效果疾病 α 之间的关联。从而，技术方案 2 与技术方案 3 通常是被认为具备创造性的。技术方案 3 所限定的"通过机理 A"是否可以使其与技术方案 2 区别开来，是需要思考的一个问题。

对于案情 2 而言，当技术方案 2 至技术方案 4 不存在其他缺陷而需要进行创造性考量时，现有技术存在技术手段化合物 X 可以产生治疗疾病 α 的技术效果，且是基于机理 B 而实现的，但申请人发现的是通过机理 A 而对治疗疾病 α 产生治疗作用。此时，技术方案 2、4 是不具备创造性的。而对技术方案 3 限定的"通过机理 A"是否能为技术方案 3 带来创造性，亦需要考量"通过机理 A"是否可以使其与技术方案 2、4 区分开来。

对于上述问题，通过区分科学与技术的不同是很容易解决的。"通过机理 A""通过机理 B"中的机理 A 与机理 B 属于科学发现，不能被授予专利权。并且，通常情况下，机理是对产生某种现象的推测与假想，并不必然成立，仍需要在现实实践中进行大量的研究、验证。虽然，本领域技术人员通常可以通过研究机理更好、更灵活地控制相应的技术效果，更灵活地采用技术手段。但是对于上述技术方案而言，其技术手段均在于 X，技术效果均在于治疗疾病 α。申请人并未基于其研究的机理 A 或机理 B 发现新的技术手段可以治疗疾病 α。虽然有些人主张"通过机理 A""通过机理 B"进行限定权利要求，当申请人对机理做出了实质性的贡献时，为了鼓励申请人对科学技术所做出的贡献，相应的权利要求可以被授予专利权。但笔者认为，这些观念并未明确地区分科学与技术。若直接因为权利要求中限定了"通过机理 A""通过机理 B"而使部分方案相对于方案 2 获得授权，会因为"机理的不稳定性"而使所授的权利要求根基不稳。

二、效果与手段

在实质审查实践过程中，与技术效果最为密切的两个法条为公开充分法条和创造性法条。公开充分是指技术方案是所属技术领域的人员能够实现的，是对申请人的一种约束，依据《专利审查指南》的规定，所属技术领域的技术人员能够实现，是指所属技术领域的技术人员按照说明书记载的内容，就能够实现该发明或者实用新型的技术方案，解决其技术问题，并且产生预期的技术效果。可见，公开充分更多的是指技术方案能够实施，并解决其技术问题，并且产生预期的技术效果。技术问题的解决、效果的实现可以是下述两种情况：情形①，解决对应技术问题、实现对应效果的核心技术手段并不明确，但方案整体上确实可以实现声称的效果。如第一次研发出的一种小众风味特色的组合物香精香料，如冬阴功香精专利申请[1]，只需通过简单的感官评定即可确信其相应的方案是否有声称的效果，何种或哪几种成分是核心成分并不影响方案是否充分公开。情形②，只有当解决的技术问题、实现的技术效果的核心技术手段是明确的，才能确定方案整体上是否解决了申请人声称的技术效果。对于第①种情形，申请人并未点明技术方案中实现对应技术效果的核心技术手段所在，但是基于对现有技术的基本认知可基本判定其可以实现对应的技术效果。对于第②种情形，通常是在现有技术中存在大量的相近的技术方案，且相关技术手段有较为充足的研究，申请人的发明贡献点在于具体的点而非面。具体的技术手段作为主要原因使方案整体所能体现的技术效果得以确定后，此时方可使创造性审查得以正常开展。之所以出现上述不同的情况，在于技术领域的发展程度不同，上述划分通常并不是泾渭分明的。

对于具体的科学技术领域而言，通常是先通过感性认知来感知某一个方案相对于其他方案具备某种更优的效果。其后，随着科学研究、生产实践的进一步深入，逐步使产生相应技术效果的可能的技术手段得以呈现。再后，是灵活地调

---

[1] 此案件的申请号为CN201910814372.0，公开号为CN110419710，为广州馨杰添加剂有限公司申请的发明专利。

整其他因素来控制一些关键技术手段，从而使方案在尽可能宽泛的可调整情况下，仍能实现对应的技术效果。可见，技术效果作为技术手段带来的外在表现，为了保障效果的重现性，要么严格地依据当初发现对应的效果的方案重复方案中的所有技术手段，要么发现与效果密切相关的关键技术手段而只是严格控制相应的手段而灵活地调整其他手段。

依据《专利法》的立法宗旨，立法目的仍是使相应的方案产生一定的经济效应。对技术发展较为前端或研究较为粗浅的技术领域，并不能苛求申请人必须对方案中的各个手段的作用均有明确的认知，并发现核心技术手段。对于这些领域，当相应的方案提出后其实施通常亦是严格地依据相应的方案进行的，其方案的整体效果得到验证后，通过实施即可产生一定的经济效果。但对于一些发展相对较为成熟的技术领域，技术方案中使用的各技术手段在现有技术中存在大量研究，从而其相应的发明创造性更多的是一种改进性发明。但当申请人未确定关键技术手段的所在时（即申请人并未明确其技术手段与声称的相对于现有技术做了足以被授予专利权的技术贡献的关系时），其实质上并未尽到充分公开的义务，从而将会对申请人的案件审结产生不利的影响。

三、归因与概率

从逻辑学而言，演绎推理只要前提为真、推论形式有效，结论必然为真。而对于归纳推理而言，前提为真、推论形式有效并不能确保其结论必然为真，其结论只是表明在一定概率上为真。在专利实质审查过程中，作为归属于归纳法的归因手段属于实质审查中常用的逻辑手段，而这种归因是否客观是受多种因素影响的。

在创造性审查过程中，技术特征、技术手段、技术效果属于最常提及的术语。其中，技术特征形成了技术手段，技术手段组成了技术方案。申请人有时只是在申请文件中泛泛地提及整体方案的技术效果，有时亦可能点明具体的技术手段为方案带来的技术效果。而这种效果到底是何种技术手段所引起的，通常是一个概率性的问题。当申请人比较诚实且进行了相应的验证、证实，而这种验证、证实只是使相应的手段与效果的关系更容易被审查员及本领域的其他技术人员接受，这只能表明对应技术手段产生对应技术效果的概率较高。如果申请人不诚实，出于为专利而专利的目的，申请人声称进行了一些所谓的验证并证实某种技术手段产生了某种技术效果，则其实验、陈述通常会存在形形色色的漏洞，此时实质上是降低了本领域技术人员对技术手段产生技术效果

183

的概率的认同。

申请人在专利申请文件中想表明某种技术手段是产生某种技术效果的原因时，当这种手段与效果的关系与现有技术中的相关认知越为相关、接近，越表明本领域技术人员具有越高的概率接受这种手段产生相应的效果的高概率性，其需要申请人进行验证、证实的程度越低，申请的技术方案相对于现有技术越可能具有显而易见性。当这种手段与效果的关系与现有技术中的相关认知越为偏离时，越表明本领域技术人员具有越低的概率接受这种手段产生相应的效果的高概率性，其需要申请人进行验证、证实的程度越高，当相应的手段与效果的关联性得到证实，申请方案相对于现有技术越可能具有非显而易见性。这种要求实质上与《专利法》中所要求的充分公开相关，即申请人负有责任证实其方案的技术效果，并使本领域技术人员确信相应的技术效果，从而足以使申请因申请人的贡献而被授予专利权。

第三节　法条与事实归纳

所有对审查案件的事实的说理分析，本质上都是为了将具体事实归纳为属于相应法条涵摄的范畴。由于不同法条涵摄的范畴不同，从而案件事实的归纳的重点与难点会有所不同。

　　如在创造性审查过程中，判定一件申请是否具备创造性时，其与最接近的现有技术的区别特征体现的技术手段能为方案相对于现有技术的方案带来的技术效果是至关重要的考量点。这个考量点的操作可以分为两个步骤，均涉及归纳的应用。这两个步骤分别为：①确定区别特征体现的技术手段使待审查的权利要求的方案相对于最接近的现有技术公开的方案，其实际所能解决的技术问题；②基于确定的实际解决的技术问题，判定现有技术是否有某种教导或启示作用，用现有技术中体现区别特征的技术手段是否可以解决所确定的技术问题。对于步骤①，在确定实际解决的技术问题时是以技术效果为桥梁而进行的。需要基于申请文件及现有技术分析、推理、归纳区别技术特征体现的技术手段所能产生的具体效果。而分析、推理、归纳手段与效果之间的必然性的程度成为确定发明实际解决的技术问题是否坚固、可信的基础。当手段与效果匹配不当或不周时，其必然会使确定的实际解决的技术问题的根基不稳，从会致使最终的审查结论不稳。对于步骤②，在形式上表现为基于确定的实际解决的技术问题进行溯因分析，需要审查现有技术是否教导了区别特征体现的技术手段在相近的方案中可以解决确定的实际的技术问题。其在本质上则在于确定当不存在申请文件时，现有技术是否存在区别特征体现的技术手段，对应了某种技术效果。而这种对应关系的考查实质上在考查是否能将某技术效果归因于对应的手段，这种技术效果是否在解决实际的技术问题后能得到体现。可见，在创造性审查时的"三步法"的判定逻辑框架中，其技术归纳的特点更多的在于手段与效果的因与果的归纳上。

公开充分法条亦涉及上述归纳问题。基于逻辑层面而言，公开是否充分实际上限定了申请人在申请文件中对效果与手段的证实责任，以便为创造性审查时确定区别特征后确定实际解决的技术问题，并为判定一件申请是否具备创造性提供前提条件。因为公开是否充分属于弱证据性法条，其在具体应用时经常存在大量的争论，并且亦是研究与发表文章的热点。我国《专利法》和《专利审查指南2010》中均没有出现有关过度实验的规定。不同于美日欧的"过度实验"标准，我国法院在司法实践中采用的是"无须付出创造性劳动"的标准。在章丘日月化工有限公司诉（原）国家知识产权局专利复审委员会一案的判决中，法院认为如果"无须付出创造性劳动"就能够实施该发明，则满足了所谓"能够实现"的要求，说明书也就完成了充分公开的义务。我国法院在司法实践中创立的"无须付出创造性劳动"标准与美国法院创立的"过度实验"标准相比，理论宽度相对狭窄，只考虑了实验的质量，而没有关注到实验的数量，根据专利充分公开制度的立法目的，说明书应当教导社会公众可以直接实施发明创造，如果实施发明创造前尚需要进行大量的、长时间的实验，即使这些实验都是常规性的，也难谓获得了"直接"实施发明创造的充足教导，似乎不尽符合专利法的价值取向。[1]上述观点将是否公开充分中的技术手段至技术效果的验证工作进行了程度化的分析。认为申请人的手段到效果验证到一定的程度即可，而其手段是否必然与相应的效果完全匹配则是其他的问题。

在涉及《专利法》第五条的方案中，通常涉及的归纳问题与创造性法条或公开不充分法条有明显的不同。对《专利法》第五条的立法内涵解释得越具体，则审查员在具体案件审查时对案件事实的归纳举证越容易；对《专利法》第五条的具体立法内涵解释得越上位化，则审查员在具体案件审查时对案件事实的归纳举证越难。如《专利法》第五条规定的："对违反法律、社会公德或者妨害公共利益的发明创造，不授予专利权。"通常违反法律的技术方案，大概率会违反社会

---

[1]　杨德桥：《专利充分公开制度的逻辑与实践》，知识产权出版社，2019，第156页。

公德或者妨害公共利益，但有时又不完全重合。但具体的违反社会公德或者妨害公共利益的标准、条件是什么，会因不同个人、群体，其道德水准及利益诉求不同而有所不同。从而相应的标准、条件具有一定的模糊性，亦为具体案件是否可以划分到相应的类型中提供了一定的难度。如若违反社会公德或者妨害公共利益的标准、条件相对固定，则对某类案件是否属于对应的类型，只要判定相应的案件是否符合所定的标准、条件，即可将对应的案件归属于此类中，但实际的某些情况下，这样的标准与条件并不是确定、明确的。对这类案件的审查，通常需要基于具体的法条，提出一些可以被申请人或代理人认同的标准、条件，进而通过归纳而判定待审查的案件是否合乎相应的标准、条件，从而决定是否将待审查的案件归属于《专利法》第五条的某款中。

在具体领域，如食品领域作为关乎国计民生的一个行业，食品的安全可靠是人们长期关注的一个焦点与热点。在食品领域的专利审查中，通常会依据《专利法》第五条第一款的规定（对违反法律、社会公德或者妨害公共利益的发明创造，不授予专利权）对部分申请发出审查意见通知书，这样的审查意见通知书绝大多数归因于相应的产品含有有害或潜在有害的因素，从而在食用过程中会妨害公共健康而妨害公共利益。这样的《审查意见通知书》存在潜在的对《专利法》第五条中妨害公共利益的解读，即"在食品领域当使用了某种成分或某种成分用量不当，影响公众的健康，从而这类方案属于妨害公共利益的方案，因此不能被授予专利权"。而问题是在具体实际情况中，使用的有些物质其毒理研究并不完全，是基于"疑者有罪"还是"疑罪从无"进行相应的案件审查，其本身即是建构大前提时需要考量的一个问题。如在食品中，有些被批准的或未批准的食品原材料，可能含有一定量的对人体有害的成分，但同时可以提供一定的有益作用，在不同情况下的处理情况又有所不同。如铝类化合物在食品中的使用，大量的科学研究表明其与老年痴呆有关，但如铝色淀、硫酸铝钾等仍属于 GB2760 批准的食品添加剂。对这类使用如铝色淀、硫酸铝等，含有有害作用及正面作用的成分，审查员在具体专利申请案件的审查时，基于现有技术的举证归纳程度明显地受制于大前提暗含的一些观点。对国标或现行通常可添加于食品中的原料，只要其使用量或方式不过于离谱，通常审查员并不会发出专利申请属于《专利法》第五条第一款规定的不能被授予专利权客体的《审查意见通知书》，而会直接进行创造性审查。其原因在于相应的研究比较纷杂，而要基于现有技术的研究归纳出其对应的原材料很大概率的会"影响公众的健康"，在技术层面上进行优势证据的举证归纳存在较大的困难，此时审查员会更多地从"疑罪从无"的角度，在内心假定其为安全的，而进行创造性的审查。但对很少用于食品中的原材料，当申请人未进行相应的安全实验研究时，因相应的材料的安全性在国家层面上并未得到相应的研究，现有技术对其安全性研究较混乱不清，如有些研究认为其无毒副，有些研究认为其存在毒副，此时审查员大概率会从"疑者有罪"的角度而发出专利申请属于《专利法》第五条第一款规定的不能被授予专利权的客体的审查意见通知书，要求申请人提供足够、可信、充分的证据表明所述的产品是安全的。

基于上述分析可以发现，在专利实质审查过程中，具体审查案件事实的归纳推理会受法条运用时的一些规定、规范的约束。从而，不同的法条通常涉及的归纳的应用情形是略有不同的。

第六章　创造性审查的内在逻辑

　　一件申请是否具备创造性，核心点在于其是否具备突出的实质性特点。《专利审查指南》给出的突出的实质性特点的概念如下："发明有突出的实质性特点，是指对所属技术领域的技术人员来说，发明相对于现有技术是非显而易见的。如果发明是所属技术领域的技术人员在现有技术的基础上仅仅通过合乎逻辑的分析、推理或者有限的试验可以得到的，则该发明是显而易见的，也就不具备突出的实质性特点。"可见"合乎逻辑的分析、推理或者有限的试验"在创造性审查时具有至关重要的地位。而最基本、本质的逻辑手段在于归纳推理与演绎推理，结合这些逻辑手段来考量、审查创造性，会使创造性审查更具有条理性及说服性。

　　创造性审查时"三步法"的逻辑框架如下：

　　1.确定待审查的权利要求的技术方案与最接近的现有技术方案的区别特征△；

2. 确定区别特征△使待审查的权利要求方案具有 A 效果，并基于 A 效果确定权利要求的方案相对于最接近的现有技术的方案要解决的技术问题；

3. 判断区别特征△在现有技术中是否可以使现有技术中的方案具有 A 效果。

当用 A 代表待审权利要求的方案相对于最接近的现有技术的方案具有的效果差。可以用 Aa 代表待审查的权利要求的技术方案相对于最接近的现有技术所公开的方案具有更优的效果 A，用 Ab 代表前述两个方案具有相当的效果，用 Ac 代表待审查的权利要求的技术方案相对于最接近的现有技术所公开的方案具有更差的技术效果。相对于最接近的现有技术的方案，Aa 体现了申请人对现有技术做出了推动其向前发展的贡献；Ab 则体现了申请人为丰富现有技术可实现相同、相近技术效果的可选方案做出的贡献；Ac 则表明了申请相对于现有技术并未做出有益的技术贡献。

在美国因存在预审查制度，通过预审查制度可以使申请人进一步明确，区别特征△在申请文件中可以使请求保护的技术方案具有 A 效果。当申请人明确其相对于现有技术的具体贡献的技术手段与技术效果之间的关联，之后再进行正式审查。此时，美国的创造性审查的逻辑亦类似于我国的"三步法"。

在中国，当申请人于申请文件中未明确特征△相对于现有技术基于现有技术可产生的效果 A。此时是直接否定效果，而认为申请文件公开不充分，还是直接认为效果所体现的技术贡献属于现有技术（即特征△所能产生的效果 A 属于现有技术），通常会对案件的审查效率及走向具有明显的影响。

在创造性审查过程中，存在技术任务与法律任务。技术任务在于检索，确定区别技术特征，确定现有技术的现状，更多的属于事实问题。法律任务，在于还原改造最接近的方案以得到新的技术方案是否显而易见的判定性问题，更多的属于判决性问题。权利要求相对于对比文件要解决的技术问题、能实现的技术效果，虽也涉及推断、判定，但当其与显而易见的判决无直接关联时，则其本质上属于技术任务。而当上述推断、判定与显而易见的判决直接相关联时，则属于法律任务。

对技术手段与技术效果，前者属于因，后者属于果。技术问题实质上是一种未完成的技术任务，当这种技术任务完成后则实现了对应的技术效果。技术问题应当具有明确的任务指引性，当现有技术存在相应的手段时，判定现有技术手段是否可以解决相应的技术任务则成为判定权利要求是否具备创造性的关键所在。创造性审查过程中的表象及内在的因果关系如图 6-1 所示：

图 6-1

依据对《专利审查指南》相关规定的解读，在技术手段至技术效果的因果关系中，这种关系应当是基于现有技术及申请文件的记载足以使本领域技术人员确信的。就申请人而言，其在申请文件中更应当关注的是技术手段至技术效果的因果关系的确立。当这种关系基于现有技术极易确信时，通常无须申请人于申请文件进行过多的描述记载。而当这种关系基于现有技术不能确信时，则申请人需要在申请文件中进行必要的描述、验证、证实，以达到使本领域技术人员足以确信为准，否则相应的申请案件极可能存在公开不充分的缺陷。但是当这种关系基于现有技术介于能够确信与不能够确信的边缘地带时，直接进行创造性审查则极易引发申请人与审查员之间的争议。争议的原因在于，审查员在创造性审查时需要通过技术问题将技术效果任务化，而这种任务化应当是精确的、精准的、具体的。在确定实际解决的技术问题时应当含有明确的与技术效果具有关联的技术手段，如此方可准确客观地得到审查结论。但是如何做到"精确、精准、具体"，当申请人认为技术手段至技术效果的因果关系属于现有技术，无须描述、验证、证实，则相当于直接认同了本领域技术人员为了追求相应的果而采用相应的因是显而易见的。但当申请人认为技术手段至技术效果的因果关系不属于现有技术，应当于申请文件中给予必要的描述。对一些领域需要进一步验证、证实，如此方可使本领域技术人员确信申请文件中的技术手段至技术效果的因果关系是成立的。此时，审查员方可基于申请文件"精确、精准、具体"地将技术效果问题化，从而审查现有技术中是否存在相应的技术手段至技术效果的因果关系的教导，以确定一件申请是否具备创造性。在确定了相应的技术问题后，审查员应当完成的任务在于确定申请人建立的因果链条中的因在现有技术中是否存在，当其存在时，现有技术是否教导了其可以解决相应的技术问题而实现对应的果。

　　分析研究创造性审查过程中的手段、效果、技术问题，对准确、高效地应用创造性法条具有重要的意义。下面我们对创造性审查中的技术效果、技术手段及技术问题等相关的内容进行必要的分解。

第一节　技术手段的效果

世上从来不存在无因之果，亦不存在无果之因。在创造性审查过程中，确定技术手段在方案中能产生的效果具有重要的意义。技术手段的效果的确定常混杂着技术事实问题与法律逻辑问题，这在化学领域体现得尤为明显。

化学领域的相关专利问题具有不同于其他行业的特殊性。分析《专利审查指南》中关于化学领域之特殊规定来看，构成这些特殊的规则之基础在于：对化学领域的事实逻辑之尊重。对化学产品类发明来说，之所以表面上看起来强调实验以及相关数据的记载或公开，与其说这是法律拟制了特殊的审查规则，不如说是立法者基于对化学这一学科技术门类的低预测性、可见与所得之间的偏差和难以预见以及强依赖测试等事实逻辑的尊重，而将这些事实逻辑直接置于事实认定步骤中的事实判断方法中。从法律规则的结构以及将具体规则适用至具体事实的这一逻辑过程来看，关于化学领域的特殊规定，实际上是在法律规则中将化学领域技术规则作为特殊的经验法则予以尊重，将之作为法律规则预设的抽象事实的一部分。[1]

　　从专利案件中技术事实查明与法律判断逻辑过程来看，基于专利文件体系以及专利制度规则体系，技术效果的认定和判断可精细划分为多个不同的逻辑步骤：（1）证据材料载体上确定记载的相关技术事实。（2）基于基本记载，裁判者运用能够确定相关事实能达到的、固定的技术效果，或言之，能够被确信的技术效果。在这一过程中，裁判者可能会基于相关辅助事实，例如该发明所涉的具体技术内容相关的技术经验或技术理论，来进行分析以形成内心的"确信"或"不确信"；而运用相关的"辅助事实"过程中，这些辅助事实可能来自当事人所举出之"证据材料"，亦可能来自裁判者本身的经验。（3）基于所"确信"之技术效果，将之纳入抽象的法律条款中，法律条款本身包含之标准或尺度判断，属于法律适用之范畴。客观上的技术效果能否被认定或在多大程度上认定，是一个事实判断过程而非法律分析的适用过程；按照事实认定和事实判断之规律，判断主体（裁判者或审查员）对某一事实是否确认，实际上必然是一个如何形成以及怎么形成乃至在何种程度上达到"确信"的过程，在从"无"到

"信"的这一过程中，是一个说服过程。[1]

结合之前的论述可知，技术效果是技术手段带来的外在表现。同时，基于因果分析我们可知，在一些情况下可能产生一因一果、多因一果、一因多果的现象。而在具体的创造性审查过程中，对一因一果的现象，通过"三步法"即可得到相对客观的审查结论。通常并不存在逻辑上的一些争议。对多因一果、一因多果的现象，在"三步法"的第二步"判定区别技术特征所体现的技术手段能为方案带来的技术效果及确定实际解决的技术问题"时，通常会产生一定的异议。对多因一果、一因多果及创造性审查时的内在逻辑未进行充分的分析思考时，通常会使审查过程及结论产生一定的偏差。下面对多因一果、一因多果的情况在创造性审查时需要考量的一些关键因素进行相应的讨论，为理清审查思路提供一定的借鉴。

一、多因一果

在制备一件产品时产品的品质会受制备时的各种原料、操作过程等多方面因素的影响。在申请专利时，申请人经常

---

[1] 郭鹏鹏：《复审、无效及司法审判视角下组合物发明的保护——课题研究报告》，南京理工大学，2019，第50页。

出于某种考量并未充分论述其技术方案相对于现有技术于哪个具体的技术手段产生了哪种具体的技术效果。如申请人有时会在申请文件中记载相对于现有技术达到了某一个更优的指标，如制备一种在色泽的保留性相对于现有技术更为良好的果酱。本领域技术人员熟知制备果酱时，加热温度、原料是否经过护色、是否添加抗氧化剂、产品加工过程中与氧气的接触程度、加工设备是否含有某种加速产品褐变的金属成分等因素均影响最终果酱产品在色泽上的保留性。申请人只是简单地提及了多因一果中的果，而对因的方面，申请人并未提及其相对于现有技术能基于哪种或哪几种"因"而做出足以使申请被授予专利权的贡献。从而，在创造性审查时致使无法具体化其核心技术手段及其与技术贡献的关联。即申请人在申请文件中虽然提及了其相对于现有技术提供了一种色泽保留更优的果酱，但并未表明基于某一种较为具体的技术手段才实现了上述效果，只是简单地制备出了一种声称相对于现有技术具有良好的色泽保留性的果酱。这样的效果有可能是"多因"的优化所形成的，亦有可能是某个或某些"因"相对于现有技术做出了实质性贡献所形成的，若是后者申请人并未充分公开技术方案。

　　如对上述酱类案件，当经过检索后发现了一份与其制备极为相似的对比文件，只不过其加热温度值略有不同、护色剂的种类或用量有所不同等多个影响最终产品色泽保留性的参数有所不同，但上述手段对比文件均有涉及。此时，通常可以认为此酱类申请案件实际要解决的技术问题是提供另外一种果酱，即将其归结为多因的简单调整，而并未认同其相对于对比文件在色泽的保留性具有更好的效果。如此看来，在创造性审查过程中，多因一果的现象，当申请人未充分地挖掘其所认为的效果具体是基于哪种或哪些"因"而实现的，并表明其采用相应的手段（因）产生的效果是足以体现申请相对于现有技术做出了实质性的贡献的，通常会产生因申请人的贡献记载不明而使审查员无法确定"果"是否相对于现有技术达到了足以被授权的高度，还是现有技术中常见的多因一果的多因的简单的调整、重组、优化。

此外，在专利审查过程中一因多果等确定亦在一定程度上受技术领域的影响。如某一件专利请求保护物质 A 增强免疫力的功效。当相应的案件归属食品领域时，依据《保健食品检验与评价技术指南》中规定的在确定增加免疫功能检验时，需要在细胞免疫功能、体液免疫功能、单核巨噬细胞功能、NK 细胞功能四个方面的任两个方面结果为阳性，才可以判定等测样品具有增强免疫功能的作用。但当相应的案件归属于药物领域时，A 物质可以是上述任意一个指标为阳性，而其他指标为非阳性，如由 NK 细胞问题致使的免疫力低下，此时申请人只需要验证、证实其物质 A 有助于 NK 细胞功能的正常化，申请人通常认为此物质在具体药物中具有增强免疫功能的作用。在创造性审查时，确定发明实际解决的技术问题时，在食品领域是物质 A 使多因（细胞免疫功能、体液免疫功能、单核巨噬细胞功能、NK 细胞功能中的至少两种）产生了一果（提升免疫力）；在药物领域则是物质 A 使某一因（如 NK 细胞功能），产生了一果（提升免疫力）。由此可见，在具体领域中，产业面临的技术问题，对因与果的确定亦是有明显影响的。

二、一因多果

技术手段产生的技术效果的确定对创造性的审查具有至关重要的作用，在实际审查过程中经常会发现一因多果的现象，不同的分析推理对案件的判决过程是有明显的影响的。

如当一份申请请求保护一种治疗高血糖的组合物，其由中药材 A、B、C 组成。经过检索发现现有技术中存在一种治疗高血糖的组合物，其由中药材 A、B、C 及 Z 组成。则其中 Z 的效果决定了如何确定权利要求相对于对比文件所要解决的技术问题，而当效果不同时，相应的评述逻辑与案件的前景亦会有所不同。如 Z 为甘草，具体分析如下：

1. 申请人于申请文件中提及了或验证了 Z 有调整其他中药的风味、口感的功效时，确定实际解决的问题在于口感的调整；当提及了或验证了 Z 是与 A、B、C 相互作用而实现治疗效果时，此时确定实际解决的技术问题是依据于可采信的 Z 为申请中的方案所能带来的相对于现有技术的方案在治疗效果方面的效果差，此时可能是在于提供一种功效有所不同的组合物。

2. 当申请人于申请文件中未提及或是验证 Z 在申请文件中的作用。而本领域技术人员却又熟知甘草具有多种功效与作用，如调和口感、在特定组方中促进某些药的功效等。在确定实际解决的技术问题时甘草的功效可能涉及了多个效果，而不同的效果可能决定了案件的不同走向。

在具体案件的审查过程中，会时常发生一个技术手段对应着多个技术效果的现象。对于一因多果现象，如申请文件请求保护一种组合物 A，其含有数种物质如 b、c、d、e，A 可以实现 Y、Z 效果，申请人亦验证、证实了上述效果是基于 b、c、d 而实现的，e 只是制备组合物时的非功效成分，是一种辅料。当现有技术中存在 A1 组合物时，并且含有 b、c、d，且可以实现 Y 效果。则此时组合物 A 是否具备创造性，通常便会产生争议。一方的观点认为申请人发现了 A 组合物具有新的效果 Z，从而其相对于现有技术做出了实质性的贡献，其相对于对比文件实际解决的技术问题是提供另外一种可同时实现 Y、Z 效果的组合物。而另一方的观点则认为其实际解决的问题在于提供另外一种可实现 Y 效果的组合物，而对应的 Z 效果体现的技术方案应当只限于用途权利要求。前一种观点产生的根基在于，当发明属于开拓性发明时，应当允许申请人概括出相对较大的保护范围，以鼓励发明创造性。后一种观点的根基在于贡献与保护应严格相匹配。

　　上述现象的产生可以通过对创造性审查时的内在逻辑的分析，进而消除观念上的异议。组合物 A 的发明的贡献在于 Z 效果。传统的权利要求通常请求保护的是具体的产品或制备产品的方法，有些物质的新的性质、功能的发现具有一定的工业价值，为了与现有物质区分开来并鼓励这类研究以促使科学技术的发展，对特定效果的权利要求是通过瑞士型权利要求 (通常又称为"用途型权利要求") 给予保护的。申请方案中的组合物 A 可以实现 Y、Z 效果，实质上并不是因为组合物 A 与现有技术中的相近组合物 A1 的区别物料 e 所产生的，物料 e 在组合物中对产生 Y、Z 效果并无实质性的贡献，申请人亦认同相应的观点。本领域技术人员基于现有技术只要想，即可"仅仅通过合乎逻辑的分析、推理或者有限的试验得到组合物 A"。但对 Z 效果所体现的用途，本领域技术人员基于现有技术是无法确定的。从而，确定一因多果的技术手段体现的技术效果，不能离开具体的技术方案及其可合理解释的保护范围，并且需要结合具体申请文件的记载及现有技术的发展状况而决定这类方案 A 是否足以被授予专利权。当 A 属于单一的化合物而 A1 属于与 A 在结构性质上高度相近的物质时，A 可以实现 Y、Z 效果而 A1 可以实现 Y 效果，Y 效果基于现有技术的相近结构是可以推断出的，但 Z 效果属于新发现的效果。此时，A 这种物质是否足以被授予专利权亦需要结合与 A 相近结构的现有技术 A1 的发展程度与成熟度来进行确定。即对于一因多果的技术方案，其产品权利要求是否能被授予专利权，除了考量产品与现有技术中相近产品的相近程度，还要重点考量该产品技术领域的发展程度，要做到既不低估申请人付出的智慧性贡献，又不使贡献与权利明显失调。

上面分析的只是一因二果的情形，而一因 N 果的情形更为复杂。如对微生物菌种本身是否具有创造性的判定，《专利审查指南》规定的标准为："与已知种的分类学特征明显不同的微生物（即新的种）具有创造性。如果发明涉及的微生物的分类学特征与已知种的分类学特征没有实质区别，但是该微生物产生了本领域技术人员预料不到的技术效果，那么该微生物的发明具有创造性。"当关于微生物菌种的申请被分到食品领域及生物领域时，考量微生物菌种能带来的技术效果经常会有明显的不同。在食品领域，更偏向于申请人认为的微生物菌种在明确的、具体的领域使用时能体现的技术效果。在微生物领域，审查员充分知晓常规的微生物除了应用至食品领域还可能应用到其他领域，其在考量对应的技术效果时，更偏向于对可预期的所有应用效果进行考量。随之而来的问题是，微生物领域的审查员虽然充分了解微生物相关专业知识，但对其他领域的具体应用情况、常规所须达到的效果是不甚了解的。当对"可预见的微生物菌种的所有应用效果"进行考量时，基于《专利审查指南》的规定，在于考量是否产生预料不到的技术效果，特别是对相应菌种的现知功效属性在某一特定的领域内，其特性的应用是否达到了不可预期的提升是需要审查员具有扎实的特定领域的应用知识方可进行判断的。

基于上述分析可知，这类一因多果的技术手段中多果应当考量至何种程度，其边界何在本身即是一件值得讨论的问题。笔者认为，在确定此类一因多果的技术手段在具体方案中的技术效果时，应当基于现有技术中的技术需求、发明中声称的所要解决的技术问题而对果进行必要的约束。否则，当申请人发现了一种与已知种的分类学特征没有实质区别的新菌种时，申请人在申请文件中抛开技术问题及现有技术发展中的技术性需求，大量地检测菌种的各种物性与性能指标，一味地去猜测其物性与性能可在某个领域在某种技术效果角度上具备预料不到的技术效果，本身是不恰当的。

第二节　手段至效果之归纳推理

专利实质审查虽然属于一种行政行为，却是基于《专利法》及由其派生的《专利审查指南》对申请文件进行审查的，带有明显的司法性质。在法条的司法应用过程中，不可避免地涉及演绎推理与归纳推理，对演绎推理与归纳推理在司法中的应用本身即是众说纷纭的。

如尼尔·麦考密克于《法律推理与法律理论》中论述道：法官的论证性意见当中，一种是规则被强制性地直接加以适用的情形；另一种是引用某部法令或者某个先例在有效事实基础上确立的一项明确规则来为判决提供证明的情形，而该判决旨在根据一系列相似或相同的有效事实来确立相似或相同的规范性后果。意即，在规则可强制性地直接加以适用的情形下，基于相应的规定可以直接地展开必要的演绎论证。但在规则不可强制性地直接加以适用的情形下，需要确立一些必要的规定，而使相应的论证合乎某部法律的立法宗旨。[1]
对反对类推论证的具体理由认为：类推论辩不具有决定性意
义，其将产生法官"造法"或"立法"现象[2]。

那种关于法官是否能够（或者应当）"造法"或"立法"
的争论，归根结底，这是一个权限问题。立法过程往往是政
治较量的结果，在这个过程当中，是谈不上需要对改变先前
原则或者规则进行证明之类的问题的，而司法造法的过程，
却往往需要借助于类推或者基于现有法律的原则进行论证，
只要这些类推或者原则能够有助于促进那些"共同性"价值。
当然，从某种意义上说，通过这种方式做出的判决或者形成
的裁判规则，只是使现有法律中的模糊部分变得清晰一些
而已[3]。

"客观命题的真假判断是没有争议的，但主观命题有。如
果想让某个主观命题被大家接受，我就必须为它做论证。"[4]

---

［1］ 尼尔·麦考密克：《法律推理与法律理论》，姜锋译，法律出版社，2018，
　　　第222页。

［2］ 尼尔·麦考密克：《法律推理与法律理论》，姜锋译，法律出版社，2018，
　　　第226—227页。

［3］ 尼尔·麦考密克：《法律推理与法律理论》，姜锋译，法律出版社，2018，
　　　第227页。

［4］ D.Q.麦克伦尼：《简单的逻辑学》，赵明燕译，北京联合出版公司，2016，
　　　第16页。

但在司法过程中演绎推理与归纳推理应当应用至何种程度，本身即是值得深究的一个问题。专利申请的创造性审查即是技术问题与法律问题的混合。在技术问题的判定与法律问题的分析、推理、论述过程中，均会涉及演绎推理与归纳推理问题。技术问题与法律问题的区分本身即是一个难题，再讨论其中各自的演绎推理与归纳推理问题，似乎是难上加难。在创造性审查过程中，《专利审查指南》规定了其基本的审查形式与逻辑，其在确定区别技术特征后，确定权利要求相对于最接近的现有技术实际要解决的技术问题时，是基于效果到问题而开展的。但首先要确定的是什么技术手段产生了相应的效果，即要找到产生技术效果的原因。而这样的原因是在"必要条件"的意义上使用还是在"充分条件"的意义上使用，其在创造性评述中是有明显区别的。通常产生效果的原因是通过归纳法而确定的，这些归纳通常又与溯因推理互为联系。在这个层面而言，在创造性评述时确定区别技术特征后，确定实际要解决的技术问题是借助于申请文件而归纳出权利要求相对于对比文件实际要解决的技术问题，而在结合启示的评述中则需要舍去申请文件基于溯因推理而判定其是否具备结合启示。在创造性评述时，确定实际要解决的技术问题是影响审查结论客观性的最主要的点。

在创造性审查过程中，基于区别特征确定实际解决的技术问题时，区别技术特征在方案中做出的技术贡献具有至关重要的作用。美国的专利审查过程中，通常比较强调技术贡献，有专著论述："美国《审查指南》规定，在判断创造性时，作出发明的特别动机或者发明人正在解决的技术问题都并不是决定性的，正确的分析是在考虑了所有的事实要件后分析发明申请相对于本领域技术人员是否显而易见。"这实际上是体现美国《专利法》第 103 条（a）款的最后一句话专利性的认定不受发明完成过程的影响。这一观点在第 103 条制定前有过争议，瑞奇为此还专门强调："专利性应当根据技术进步的情况而不是发明完成过程的情况来判断。"虽然我国的《专利法》中并没有相同的规定，但我国《审查指南 1993》中有类似的规定，而且这一规定在历次《审查指南》的修改中都予以保留。《审查指南 1993》规定："不管发明者在创立发明的过程中是历尽艰辛，还是唾手而得，都不应当影响对该发明创造性的评价。"[1]

　　但对于技术贡献，通常认为有益的技术效果即体现了申请的技术贡献，在创造性审查过程中的"三步法"中，虽未直接针对效果进行特别强调与评述，但在确定实际解决的技术问题时，对技术手段能达到的技术贡献进行了充分的考量

---

[1] 石必胜：《专利创造性判断研究》，知识产权出版社，2012，第52页。

与体现。正如石必胜所言："从逻辑上来讲，如果有实质性特点就必然有技术进步，那就没有设置技术进步这个条件的必要。我国《审查指南》规定实质性特点认定的主要步骤为认定最接近现有技术、认定区别特征和客观技术问题、认定是否存在技术启示。既然能够解决客观技术问题并产生一定的技术效果，就必然具有技术进步。从这个角度来说，实质性特点是否具备的判断，包含了发明是否能够解决客观技术问题的判断；既然具备了实质性特点，就能够符合技术进步的要求，在实质性特点之外再规定技术进步作为创造性的条件是没有必要的。"[1]

由此可知，在创造性评述过程中，对技术效果的考量具有极为重要的作用。这种作用是基于区别特征为方案整体上带来的技术效果而考量的。如石必胜在其著作《专利创造性判断研究》中所述："在判断创造性时如何对待区别特征的技术贡献典型地体现了整体评价原则。区别特征可以分为两大类：一类是对技术效果有影响的区别特征；另一类是对技术效果没有影响的区别特征、不同的技术特征，对创造性判断的影响并不相同。对于没有技术贡献的技术特征，现在的一般做法是，认为其属于惯用技术手段，或者是引用对比文

---

[1] 石必胜：《专利创造性判断研究》，知识产权出版社，2012，第50页。

件来说明其已经被公开，并不论述其技术效果。"[1]再如在 T
158/9 案中技术上诉委员会认为认为"在该案中，只有在抽
象算法影响了技术效果且技术效果对技术问题的解决有贡献
的情况下，算法才具有了技术特性。算法才能与创造性有关。
因此，专利上诉委员会认为创造性判断不能基于那些能够产
生技术效果的特征作出。[2]

确定发明相对对比文件实际解决的问题，通常这些问题
应当是具有技术意义的，并且这些问题的解决应当是能产生
人们通常所期望的效果的。正因为如此，《专利审查指南》在
实质审查部分，关于确定发明的区别特征和发明实际解决
的技术问题时，具有如下描述："在审查中应当客观分析并
确定发明实际解决的技术问题。为此，首先应当分析要求保
护的发明与最接近的现有技术相比有哪些区别特征，然后根
据该区别特征能达到的技术效果确定发明实际解决的技术问
题。从这个意义上说，发明实际解决的技术问题，是指为获
得更好的技术效果而须对最接近的现有技术进行改进的技术
任务。"

在实际审查过程中，根据该区别特征能达到的技术效果

---

[1]　石必胜：《专利创造性判断研究》，知识产权出版社，2012，第169页。
[2]　石必胜：《专利创造性判断研究》，知识产权出版社，2012，第182页。

确定发明实际解决的技术问题时，这些效果相对于最接近的现有技术具有三种情况：（1）使权利要求相对于最接近的现有技术产生了更好的效果；（2）使权利要求相对于对比文件产生了相近的效果；（3）使权利要求相对于对比文件产生了负面效果。然而，对于第（2）（3）种情况，此时的发明并非是为了获得更好的技术效果而须对最接近的现有技术进行改进；对于第（3）种情况，作为合格的、理性的本领域技术人员通常并不会对最接近的现有技术进行改造。对于第（2）（3）种情况，确定发明实际解决的技术问题本身存在的意义已不存在或缺失。并且，因为相应的改变并没有产生更好的效果，甚至使效果倒退，因此本领域技术人员对其进行改进的动机等通常并不明确、强烈，甚至于没有动机进行相应的改造。可见，依据《专利审查指南》中的规定，在确定发明实际解决的技术问题时，当为第（2）（3）种情况时，实质上是跳出了理论化的"三步法"的应用情形。而这也是为什么美国在创造性审查过程中，通常会先不谈问题、教导，而进行创造性的初步审查，让申请人举证其到底相对于现有技术在具体的哪个点或方面做出了何种贡献，从而使相应的申请足以具备创造性。

前面论述了技术手段与技术效果之间的推理论述时需要考量的一些因素。单纯地确定技术手段与技术效果并不足以完成一件申请的创造性审查，仍需要涉及区别技术特征体现的技术手段使待审权利要求相对于最接近的现有技术公开的技术方案能解决何种技术问题。这样的技术问题实质上与前述的技术手段、技术效果相关联，却又是有所不同的一个概念。对此问题蔡艳园论述道："'技术效果'与'技术问题'是两个不同的概念，'技术效果'是确定'发明实际解决的技术问题'的依据，是与区别技术特征有直接且确定的因果关系的；而'技术问题'则是为了获得更好的技术效果而须对最接近的现有技术进行改进的技术任务，这种任务与区别技术特征是什么以及有什么具体的技术效果均无关，而是与现有技术表现出来的缺陷更相关。因此在审查过程中，不能将'区别技术特征所对应的技术效果'直接反向表述为'发明实际解决的技术问题'，而必须排除先看到该发明的技术内容的先入之见，忘掉该发明的技术内容，而以没有看到该发明的公开内容的客观立场来确定实际要解决的技术问题。"[1]

技术效果与技术问题之间的关系可以用图 6-2 进行简要表示。

---

[1] 蔡艳园：《浅议"技术问题"与"技术效果"的区别》，2015年中华全国专利代理人协会年会暨第六届知识产权论坛，万方数据库，2015，第1—7页。

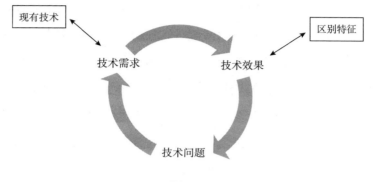

图 6-2

在确定区别特征所确定的技术效果时，我们更多的是依赖于申请人的申请文件中的记载，而基于这样的记载本领域技术人员是通过一定的因果归纳或其他一些逻辑手段而得到对应的区别特征可以产生某种效果。在确定实际解决的技术问题时，则更多依赖于现有技术发展中的技术需求。由于现有技术发展中的技术需求过于众多，由区别特征确定的技术效果可以帮我们将现有技术中技术需求的范围缩减至一个可控的范围，这种缩减是基于某种效果是否是现有技术发展过程中技术需求追求的效果。在这个可控的范围内，本领域技术人员确定实际解决的技术问题实质上是一种归纳提炼的过程。

第三节　效果至手段之溯因推理

　　"从理论上来看，关于本源的知识能给人带来满足感，因为知其所以然才可以更深刻地理解它们。但是关于本源的知识同样可以广泛应用于实践领域，因为找到了事物的根源就可以控制事物的发展，控制事物带来的影响，这是有许多例子可以证明的。例如，我们确定某种细菌是引发某种疾病的原因，那么我们就可以通过消灭细菌的方式来达到消除疾病的目的。在探寻事物根源的过程中，我们一般从其结果开始。我们面对这样或那样的现象（一个事物、一个事件等），并需要为之做出解释。毫无疑问的是，我们面对的是客观事物；有疑问的是，这些事物是如何形成的。我们所做的探寻工作遵循如下原则：每一个原因与其结果之间必然存在根本的相似之处。这就是说，所谓原因，它必能导致我们观察到的结果，并将在结果上留下其特定的印记；每个结果，在一定程度上，都将反映出其根源的特性。"[1]

　　溯因推理是我们在知道相应的结果后，逆向地探求造成

---

[1]　D.Q. 麦克伦尼：《简单的逻辑学》，赵明燕译，北京联合出版公司，2016，第38页。

相应结果的原因是什么。在创造性评述过程中，确定实际解决的技术问题是基于区别特征能够为方案带来相对于最接近的现有技术能带来的效果而确定的，这种效果的确定是基于申请文件公开的内容结合现有技术而进行的。创造性评述过程中确定实际解决的技术问题，其重点与难点在于确定区别技术特征能体现的技术手段可实现的效果，即确定待审技术方案相对于最接近的现有技术能获得的更优的技术效果。在确定了实际解决的技术问题及随后的审查时，则需要舍去申请文件中公开的内容以避免"事后诸葛亮"，并在现有技术中查找是否有可以实现所述更优的技术效果的技术手段，并且这种技术手段应是申请文件采用的技术手段。这样的逻辑是借助于溯因推理手段来确定现有技术中是否存在相应的技术启示的。

溯因推理时，在创造性评述时一因一果的情况下审查员还比较容易与申请人或代理人在观点上达到一致。但对多因一果、一因多果、多因多果，如何溯因，并使申请人认同审查员的溯因是基于现有技术中相关的教导是显而易见的，审查员与申请人或代理人经常会产生分歧。

在应用"三步法"进行创造性评述时，通常需要考量的是手段或其相关手段在现有技术中是否存在，现有技术是否教导了对应的手段或相关手段可以产生某种所需的技术效果。

在针对这种效果溯因时，首先要确保这种效果是存在的。出于善意通常认为申请人的申请文件应当具有这样的效果。而实际情况是，对这样的效果，有时申请人在申请文件中进行了必要的验证、证实，且审查员亦被申请人的验证、证实过程所折服。但有时，申请人并未对技术效果进行必要的验证、证实，审查员此时则需要基于现有技术对其进行必要的归纳。对于前一种情况而言，确定的发明相对于最接近的现有技术实际解决的技术问题，通常与申请人的观点相一致。在后续论证中，只需要举证区别特征体现的技术手段是否在现有技术中存在，是否在现有技术中有教导可以产生如申请文件中记载的效果。但对于后一种情况而言，"三步法"中的第二步确定实际解决的技术问题过程中，是通过归纳法得到了发明相对于最接近的现有技术实际解决的技术问题，归纳法具有或然性，亦会使申请人与审查员的异议点提前至发明实际解决的技术问题的确定这一步。从此种意义而言，在创造性评述时确定发明相对于最接近的现有技术实际解决的技术问题是否容易与申请人达成一致，其与申请人的申请文件的撰写有着密切的联系。这种实际解决的技术问题的确定，在于还原发明构思过程中，本领域技术人员得到相应的发明方案时的任务导向性问题。这种任务的完成通常要有一定的动机，而对于动机性问题，世界上各个国家在专利的审查或审判过程中，演绎出了种种不同的观点。

"如美国《审查指南》规定，对比文件中记载的改进现有技术的动机往往就是发明人进行改进的原因，但有时发明人是为了不同于创造性判断者的目的或解决不同的技术问题而进行相同的改进。只要取得相同技术进步或者效果，发明人改进的原因与创造性判断者认为的原因不相同并不影响显而易见的判断。是否有技术启示，应当根据发明人面临的普遍问题来确定，而不是由发明具体解决的问题决定。本领域技术人员并不需要认识到记载在现有技术中的相同技术问题以进行改进。"[1]"欧洲专利局上诉委员会确定的案例法是，'客观能－主观能'方法。客观能由技术上的可能性客观地决定，主观能由本领域技术人员当时的创造能力客观地决定。技术上的可能性或缺乏技术障碍并不足以认定本领域技术人员事实上作出的技术方案的显而易见性。本领域人员知晓技术手段的内在特点，所以有采用此技术手段的技能，只是说明有使用此技术手段的客观可能性。如果本领城技术有技术启示能够教导本领域技术人员使用此技术手段，则本领城技术人员就有了主观上上采用此技术手段的可能性。"[2]

[1] 石必胜：《专利创造性判断研究》，知识产权出版社，2012，第82页。

[2] 石必胜：《专利创造性判断研究》，知识产权出版社，2012，第78页。

依据《专利审查指南》的实质审查部分相关规定，认为发明实际解决的技术问题，是指为获得更好的技术效果而须对最接近的现有技术进行改进的技术任务。这样的解释应是基于，区别特征使待审查的方案相对于最接近的现有技术公开的方案，在技术效果层面上产生了更好的效果。但在实际创造性审查过程中，当确定区别特征后，在进一步地确定发明相对于最接近的现有技术能产生的技术效果时，却发现存在如下三种情况：

1.相对于现有技术，实现了更好的技术效果；

2.相对于现有技术，只简单地变换现有技术手段等，其效果相同；

3.相对于现有技术，手段替换后产生效果的后退。

对于第一种情况而言，基于《专利审查指南》规定的"三步法"则可以比较客观地确定是否具备创造性，且其亦具有相对严密的逻辑架构。而其改造动机则可以基于现有技术的现状进行裁决判定。

对于第二种情况而言，只是丰富了现有技术的相关方案。因其相对于现有技术并未产生更好的技术效果，即其在技术层面上并未得到额外的奖励或这种额外的奖励较低。从而，其缺少相应的动力去推动本领域技术人员基于现有技术而对其进行改动，但这并不排除出于一些非技术因素而推动的改造。

对于第三种情况而言，如果申请人得到如审查员所获得的最接近的现有技术，并对其与申请方案进行了分析与对比后，作为较为理性的人是不可能对其方案进行专利申请的。而是使用审查员获得的最接近的现有技术，以指导具体的实践等活动，即此时并不存在改造动机的问题。

第四节　技术问题

技术效果是执行技术手段产生的客观结果。在理想的状态技术效果应当和技术问题是一致的，技术效果是技术问题得以解决之后的客观结果。但是在通常情况下技术效果和技术问题仍然可以区分开来，在判断技术方案是否得到充分公开时成为两项独立的考虑因素。技术问题可能一般比较抽象，技术效果是具体的；技术问题相对于现有技术而定，是一个关系性概念，技术效果与现有技术无关，是一个实体性概念。"技术问题则是为了获得更好的技术效果而需对最接近的现有技术进行改进的技术任务，这种任务与区别技术特征是什么以及有什么具体的技术效果均无关，而是与现有技术表现出来的缺陷更相关。"技术效果的公开主要集中在两个方面，技术效果是什么以及技术手段与技术效果之间的因果联系。有些技术手段的技术效果具有显而易见性，无须在技术手段之外单独描述技术效果的内容，如多数的机械和电学类发明创造。"只有在所属技术领域的技术人员无法根据现有技术预测发明的用途和效果的情形下，才需要在说明书中记载足够的实验数据以证实其效果。"如果技术手段的技术效果不能从技术手段直接推导出来，则需要在说明书中具体阐明技术效果，否则可能导致说明书公开不充分。[1]

由上述分析可知，当技术效果不能从技术手段直接推导出来，但申请人又于申请文件中未进行任何的验证、证实，此时发明实际解决的技术问题实际是无法确定的。依据我国《专利法》《专利审查指南》的相关规定，在创造性评述过程中，发明实际解决的技术问题是创造性评述过程中至关重要的一环。对发明实际解决的技术问题的客观确定，有赖于申请人的申请文件的记载。当申请文件中缺少用于确定实际解决的技术问题的内容时，其极有可能涉及公开不充分。特别是对于一些为专利而专利的申请，当确定区别特征后，其是否能解决问题、所解决的问题是否属于技术层面上的问题通

---

[1]　杨德桥：《专利充分公开制度的逻辑与实践》，知识产权出版社，2019，第136页。

常是比较难确定的。在我国创造性评述时，除了使用到通常称为"三步法"的评述过程，并无其他权威、可操作的评述框架。那些为专利而专利的申请，通常存在着为区别而区别的行为。申请人通常有意使权利要求冗长从而尽可能地与现有技术形成足够多的区别特征，以表明其非显而易见。但是，当考量这些冗长的区别特征是否具有某方面的技术贡献时，通常基于现有技术并不能确定。此时，如果机械地依据"三步法"进行创造性判断，通常这样的案件很有可能被认为具有非显而易见性。

只有当具体的技术手段与对应的技术效果的因果关系得到了本领域技术人员内心确认时，由相应的具体技术手段作为区别特征体现的效果才能作为确定发明相对于最接近的现有技术实际所要解决的技术问题的依据。可见，技术手段与技术效果的因果关系的确定，对确定发明相对于最接近的现有技术实际要解决的技术问题是至关重要的。正如在美国专利审查中面临技术手段与技术效果不能确定时，亦经历了一定的历史沉淀与冲突才确定了相应的一些指导规定。

如有关著作作者即论述道：美国最高法院认为，无论是《专利法》第103条的制定还是Graham案中的分析都与联邦巡回上诉法院在对组合发明创造性要求的解释不相同。"教导—启示—动机"检验法，对于客观地判断创造性确实很有帮助。然而，有益的视角并不能成为僵化的强制形式，如果死板地适用"教导—启示—动机"检验法，就会与美国最高法院的先例规则不符。技术进步的多样性并不能将分析局限于过于呆板的方式，事实上市场需求远远要比科技文献更能促进技术进步。将专利授予并没有创造性的发明如将已知要素组合起来的发明，将会剥夺现有技术的价值和用途。[1]

从而，对于为专利而专利的专利申请，美国的 KSR 案的创造性判断规则更方便提升审查效率，即通过判定初步显而易见，之后将举证责任分配至申请人，使其对相应的区别的贡献进行举证，当举证成立时，结合 Graham 案的"教导—启示—动机"检验法，判定其相应的显而易见性。美国的创造性的评述过程如下：

结合 Graham 案、"教导—启示—动机"检验法和 KSR 案的创造性判断规则，美国法院判断创造性的主要步骤为理解本专利和现有技术、认定区别特征、认定是否显而易见，最后一步主要运用"教导—启示—动机"检验法。在美国，初步显而易见性是创造性判断过程中的一个很重要的概念，也体现了创造性判断的过程。初步显而易见性这一法律概念是创造性判断中适用于所有技术领域的程序工具，在创造性判

---

[1] 石必胜：《专利创造性判断研究》，知识产权出版社，2012，第144页。

断过程中起到分配进一步的举证责任的作用。"审查员应当证明初步显而易见性；如果审查员不能证明初步显而易见性的成立，则申请人没有义务提交非显而易见性的证据。当然。如果审查员证明了初步显而易见性，则举证责任转移到申请人，申请人再提交非显而易见性的证据，如提交发明具有现有技术预料不到的技术效果的比较实验数据等。初步显而易见性依据现有技术和说明书来认定，不需要审查员和申请人再提交其他证据。"[1]

最高法院指出，就 KSR 一案而言，联邦巡回上诉法院运用"教导、启示、激发"的方法，犯了一系列错误。首先，联邦巡回上诉法院把法庭和审查员的关注点局限在了发明人应当解决的问题上。事实上，应当解决的问题仅仅是推动发明的因素之一；判定显而易见是就一般水平的技术人员，而非发明人而言的。其次，联邦巡回上诉法院错误地假定，一般水平的技术人员在试图解决相关问题的时候，应当仅仅关注现有技术的要素。与此相应，即使现有技术"显而易见地促使人们尝试"，其结果也不一定是显而易见的。而在最高法院看来，如果现有技术的要素"显而易见地促使人们尝试"，其结果也一定是显而易见的，不能获得专利保护。在此基础

---

[1] 石必胜：《专利创造性判断研究》，知识产权出版社，2012，第56页。

上，最高法院告诫说，要发现新的事实，要运用技术常识去判定非显而易见性的问题。不能因为惧怕事后诸葛亮就拒绝发现新的事实，拒绝运用技术常识。

有人认为，KSR 一案显示了在非显而易见性的问题上，最高法院与联邦巡回上诉法院的巨大分歧。联邦巡回上诉法院在"格拉汉姆测试要素"和专利法第 103 条规定的基础上，试图提炼出一些公式化的判定方法，例如"教导、启示、激发"。而最高法院一直对综合现有技术要素而形成的发明持有怀疑态度，认为"教导、启示、激发"的判定方法有可能将很多组合发明合法化。与此相应，最高法院再要求下级法院恪守"格拉汉姆测试要素"，更多地从"技术本身"判定有关的发明是否显而易见，不要将关注的重点放在技术之外的市场推动力、问题解决推动力等要素上。在最高法院看来，前者是强调技术本身的较为客观的分析方法，而后者则是较为主观的分析方法，有可能背离专利制度促进技术发展的宗旨。[1]

上述的 Graham 案规则与适用"教导—启示—动机"检验法，是通过 Graham 案规则进一步地明确了技术手段与技术效果之间的因果关系，从而为后续确定发明相对于对比文件实

---

[1]　李明德：《美国知识产权法（第2版）》，法律出版社，2014，第60—61页。

际要解决的技术问题提供一定的依据，为顺利地开展"教导—启示—动机"提供坚实的根基。

第五节　事后诸葛亮

在《专利审查指南》第二部分创造性一章中提到要避免"事后诸葛亮"，"事后诸葛亮"是基于创造性审查时的逻辑而确定的。在创造性审查时，判定一件专利申请是否具备创造性是依据申请前的现有技术而进行的。是本领域技术人员依据申请前的现有技术，判定现有技术中是否有对应的任务需求而改造现有技术，进而可以在无须付出创造性劳动的前提下得到审查的专利申请的方案。现有技术浩如烟海，如若完全舍去待审专利申请公开的内容，上述任务几乎是无法完成的，但在完成相应的任务时要尽可能地减少在"判定"这个逻辑环节产生只有借鉴待审专利申请公开的一些内容才能进行的一些行为。

在创造性审查时，我们是借助待审专利申请公开的内容而检索获得了用于评价待审专利的现有技术。获取这些现有技术，依据《专利审查指南》的规定属于本领域技术人员应具备的一些能力，在理论上并不依赖于待审专利申请公开与否。因为本领域的技术人员，"他知晓申请日或者优先权日之前发明所属技术领域所有的普通技术知识，能够获知该领域中所有的现有技术，并且具有应用该日期之前常规实验手段的能力"。当基于本领域技术人员的能力获得用于评价待审专利的最接近的现有技术时，经过比较分析确定权利要求相对于最接近的现有技术的区别技术特征，只涉及技术事实的认定问题，并不涉及判断的问题。但在随后确定待审方案相对于最接近的现有技术实际所要解决的技术问题时，其涉及基于区别技术特征确定其使方案相对于对比文件所能达到的技术效果差的问题，此时涉及区别技术特征反映的效果在现有技术的方案与申请中的方案的比较问题。在这种效果的比较中掺杂着现有技术的方案与申请中的方案的一些内容。创造性审查判断的是"依据申请前的现有技术，基于现有技术中是否有对应的任务需求而改造现有技术，进而是否可以在无须付出创造性劳动的前提下得到所审查的专利申请的方案"。"任务需求"的确定是基于前述效果的比较而进行的，此时"任务需求"的确定需要剥离待审案件的影响，需要完全站位于现有技术，否则很容易产生"事后诸葛亮"式的谬误。

"任务需求"在创造性审查时则通过确定发明相对最接近的现有技术实际要解决的技术问题体现的。而当"事后诸葛亮"谬误产生时，那些只有基于申请文件方可确定的技术问题变成了现有技术中的技术问题，又或是将申请文件中的技术手段直接引入实际解决的技术问题中，这些行为很容易致使审查员低估申请人的技术贡献。

参考文献

［1］尼尔·麦考密克. 法律推理与法律理论［M］. 姜锋译. 北京：
法律出版社，2018.

［2］欧文·M. 柯匹，卡尔·科恩. 逻辑学导论：第11版［M］. 张
建军，潘天群译. 北京：中国人民大学出版社，2007.

［3］马歇尔·麦克卢汉. 理解媒介［M］. 何道宽译. 南京：译林出
版社，2019.

［4］尤瓦尔·赫拉利. 人类简史：从动物到上帝［M］. 林俊宏译.
北京：中信出版社，2017.

［5］古斯塔夫·勒庞. 乌合之众［M］. 冯克科译. 北京：中央编译
出版社，2004.

［6］D. Q. 麦克伦尼. 简单的逻辑学［M］. 赵明燕译. 北京：北京联
合出版公司，2016.

［7］张建伟. 稻草人［M］. 北京：北京大学出版社，2011.

［8］霍布斯. 利维坦［M］. 黎思复，黎延弼译. 北京：商务印书馆，

2017.

［9］石必胜. 专利创造性判断研究［M］. 北京：知识产权出版社，
2012.

［10］李晓秋. 专利劫持行为法律规制论［M］. 北京：中国社会科
学出版社，2017.

［11］莱奥·罗森贝克. 证明责任［M］. 庄敬华译. 北京：中国法
制出版社，2018.

［12］加里·西伊，苏珊娜·努切泰利. 逻辑思维简易入门［M］.
廖备水，雷丽赟，冯立荣译. 北京：机械工业出版社，2013.

［13］尹新天. 中国专利法详解（缩编版）［M］. 北京：知识产权
出版社，2012.

［14］李明德. 美国知识产权法（第2版）［M］. 北京：法律出版社，
2014.

［15］高学敏. 中药学［M］. 北京：中国中医药出版社，2007.

［16］国家知识产权局. 专利审查指南：2010版［M］. 北京：知识
产权出版社，2020.

［17］陈金钊，熊明辉. 法律逻辑学：第2版［M］. 北京：中国人
民大学出版社，2015.

［18］蔡艳园. "浅议'技术问题'与'技术效果'的区别"［C］.
中华全国专利代理人协会：2015年中华全国专利代理人协会
年会暨第六届知识产权论坛. 北京：万方数据库，2015，1—7.

［19］张占江.论专利法新颖性条款与创造性条款的逻辑关系［J］.中国发明与专利，2016（12）：97—100.

［20］孙长山，张乐园，刘志华.《最高人民法院公报》知识产权裁判文书精选［M］.北京：知识产权出版社，2015.

［21］孙平等.从一个案例看公开充分、实用性和创造性的适用［J］.中国发明与专利，2013（3）：78—82.

［22］徐趁肖等：关于实用性和公开不充分的法条适用探讨［J］.中国发明与专利，2012（11）：98—100.

［23］Zsofia Kacsuk. The mathematics of patent claim analysis［J］. Artif Intell Law, 2011, vol 19：p263–289.

［24］Takako Akakura, Takahito Tomoto, Koichiro Kato. A Problem-Solving Process Model for Learning Intellectual Property Law Using Logic Expression: Application from a Proposition to a Predicate Logic［J］. HIMI, 2017, Part II, LNCS 10274：p3–14.

［25］吴晓波.激荡三十年 中国企业1978—2008［M］.北京：中信出版社，2017.

［26］赵永辉.解读"毒明胶食品"事件中的专利问题［J］.中国发明与专利，2012（5）：22—23.

［27］王静.论发明专利申请的"充分公开"［J］.中国优秀硕士学位论文全文数据库（社会科学Ⅰ辑），2011（7）：117—220.

［28］国家知识产权局专利复审委员会编著.化学领域专利难点热

点问题研究［M］.北京：知识产权出版社，2018.

［29］郭鹏鹏.复审、无效及司法审判视角下组合物发明的保护——课题研究报告［D］.南京：南京理工大学，2019.

［30］Katherine J. Strandburg. What Does the Public Get? Experimental Use and the Patent Bargain［D］.Chicago:DePaul University College of Law, 2004.

［31］杨德桥.《专利充分公开制度的逻辑与实践》［M］.北京：知识产权出版社，2019.

［32］杨德桥.《专利实用性要件研究》［M］.北京：知识产权出版社，2017.

［33］张双庆，崔亚娟，张彦，高丽芳.保健食品检验与评价技术指南［M］.北京：北京科学技术出版社，2017.

［34］高雪.专利创造性与说明书充分公开的界限［J］.人民司法，2020（16）：41—44.